CETC 云计算技术与应用专业校企合作系列教材

全景画面直播应用开发

U0185323

主编 刘洪武 胡方霞

高等教育出版社·北京

内容提要

本书是云计算技术与应用专业校企"双元"合作开发的教材。

本书从移动应用 APP 角度开发,以"全景看房"应用为案例,结合目前流行的 Retrofit 网络框架,利用腾讯云和 Insta 360 Air 提供的技术,详细阐述了全景视频的存储和直播功能。应用实现的主要内容为看房人查看房源信息、观看直播和录播;中介管理员登陆及注册、管理房源、添加房源、进行直播等。通过本书的学习,读者可以全面了解腾讯云存储和全景直播的相关知识,以及客户端和服务器端交互的实现方式,同时读者通过项目实施过程能够熟练掌握 Insta 360 Air 全景摄像头的使用方法。

本书配有微课视频、授课用 PPT、案例素材等丰富的数字化学习资源。与本书配套的数字课程"全景画面直播应用开发"已在"智慧职教"网站(www.icve.com.cn)上线,学习者可以登录网站进行在线学习及资源下载,授课教师可以调用本课程构建符合自身教学特色的 SPOC 课程,详见"智慧职教"服务指南。教师也可发邮件至编辑邮箱 1548103297@qq.com 获取相关资源。

本书可以作为高等职业院校及应用型本科院校云计算网络技术和云计算应用专业的基础核心课程,也可以作为云计算应用和移动应用开发技术人员的入门教材,还可以作为腾讯云和直播开发爱好者的参考用书。

图书在版编目(CIP)数据

全景画面直播应用开发 / 刘洪武,胡方霞主编. -- 北京:高等教育出版社,2021.8

ISBN 978-7-04-052397-3

Ⅰ.①全… Ⅱ.①刘… ②胡… Ⅲ.①移动终端-应用程序-程序设计-高等职业教育-教材 Ⅳ.①TN929.53

中国版本图书馆 CIP 数据核字(2019)第 168710 号

Quanjing Huamian Zhibo Yingyong Kaifa

策划编辑	吴鸣飞	责任编辑	许兴瑜	封面设计	赵 阳	版式设计	徐艳妮
插图绘制	于 博	责任校对	吕红颖	责任印制	朱 琦		

出版发行	高等教育出版社	网 址	http://www.hep.edu.cn
社 址	北京市西城区德外大街 4 号		http://www.hep.com.cn
邮政编码	100120	网上订购	http://www.hepmall.com.cn
印 刷	三河市华骏印务包装有限公司		http://www.hepmall.com
开 本	787 mm×1092 mm 1/16		http://www.hepmall.cn
印 张	17		
字 数	410 千字	版 次	2021 年 8 月第 1 版
购书热线	010-58581118	印 次	2021 年 8 月第 1 次印刷
咨询电话	400-810-0598	定 价	46.80 元

本书如有缺页、倒页、脱页等质量问题,请到所购图书销售部门联系调换

版权所有 侵权必究

物 料 号 52397-00

▮ "智慧职教" 服务指南

"智慧职教"是由高等教育出版社建设和运营的职业教育数字教学资源共建共享平台和在线课程教学服务平台，包括职业教育数字化学习中心平台（www.icve.com.cn）、职教云平台（zjy2.icve.com.cn）和云课堂智慧职教 App。用户在以下任一平台注册账号，均可登录并使用各个平台。

● **职业教育数字化学习中心平台（www.icve.com.cn）**：为学习者提供本教材配套课程及资源的浏览服务。

登录中心平台，在首页搜索框中搜索"全景画面直播应用开发"，找到对应作者主持的课程，加入课程参加学习，即可浏览课程资源。

● **职教云（zjy2.icve.com.cn）**：帮助任课教师对本教材配套课程进行引用、修改，再发布为个性化课程（SPOC）。

1．登录职教云，在首页单击"申请教材配套课程服务"按钮，在弹出的申请页面填写相关真实信息，申请开通教材配套课程的调用权限。

2．开通权限后，单击"新增课程"按钮，根据提示设置要构建的个性化课程的基本信息。

3．进入个性化课程编辑页面，在"课程设计"中"导入"教材配套课程，并根据教学需要进行修改，再发布为个性化课程。

● **云课堂智慧职教 App**：帮助任课教师和学生基于新构建的个性化课程开展线上线下混合式、智能化教与学。

1．在安卓或苹果应用市场，搜索"云课堂智慧职教"App，下载安装。

2．登录 App，任课教师指导学生加入个性化课程，并利用 App 提供的各类功能，开展课前、课中、课后的教学互动，构建智慧课堂。

"智慧职教"使用帮助及常见问题解答请访问 help.icve.com.cn。

前　言

一、缘起

全景直播是近年来流行的一种新技术，通过 3D 摄像设备进行全方位 360° 的拍摄和直播，用户在观看直播时，可以通过滑动手机屏幕随意调节角度进行观看，也可以通过旋转手机方向调节观看角度。

与传统的直播技术相比，全景模式具有更广阔的视野、更丰富的视角，不受空间和地域的限制，让用户产生身临其境的观看体验，已经越来越多地应用于互动娱乐、户外运动、城市景观、大型活动或会议等内容的摄制。

全景，顾名思义，就是给人以三维立体感觉的实景 360° 全方位图像，其视频最大的 3 个特点如下。

- 全：全方位，全面地展示 360° 球形范围的所有景致；在观看时可通过按住鼠标左键并拖动的方式，从各个方向观看场景。
- 景：实景，真实的场景，最大限度地保留了场景的真实性。
- 360°：360° 环视的效果，能给人以三维立体的空间感觉，使观者犹如身在其中。

腾讯云针对视频开发提供了丰富多样、安全稳定的功能性服务，包括云服务器、云存储、云数据库、图形优化、直播 LVB 服务等，让网络端更加坚实可靠，开发运维更加灵活自由，提高了安全性，降低了成本。

二、结构

本书教学内容采用模块化的编写思路，以开发一个全景看房应用为主线由浅入深地讲解一个具体的实际应用项目，从产品需求到服务构建、APP 开发、后台 Web 开发和产品发布上云的完整开发过程。

首先，本书通过学习目标和项目描述引出每个项目的学习重点。

学习目标：简述项目目标，了解学习目的。

项目描述：简述本项目的需求，展示项目实施的效果，提高学生的学习兴趣。

然后，又将项目分成多个任务完成，每个任务的编写分为任务目标、知识准备、任务实施。

任务目标：解析任务功能点，针对性知识学习。

知识准备：详细讲解知识点，通过系列实例实践，边学边做。

任务实施：通过任务综合应用所学知识，提高学生系统运用知识的能力。

最后，进行项目实训和项目总结，整个项目分成 5 个环节。其中每个项目都包含客户端实现和服务器端实现。

项目实训：在项目实施的基础上通过"学、仿、做"达到理论与实践统一、知识内化的教学目的。

最后进行项目总结，总结本项目的教学重点、难点。

三、特点

1. 针对性强，教材内容选取以实用为主

本书以云计算技术专业学生的就业岗位群为导向，以全景看房流程为基础，分别以看房人和中介管理员两个角色进行开发，利用腾讯云和 Insta 360 Air 提供的技术，完成全景视频的存储与直播功能，最后将项目发布上云。该项目的客户端页面简洁明了，服务器端提供的数据精确清晰，腾讯云端存储使用简单便捷。教材内容设计比较丰富，条理清晰，便于学生理解和掌握。

2. 精心设计，教学内容与数字化资源有机结合

本书以教学内容为主线将各项数字化资源有机结合在一起，形成完整的数字课程。

数字化资源包括 3 方面的内容。

① 课程本身的基本信息，包括课程简介、学习指南、课程标准、整体设计、单元设计、考核方式等。

② 教学内容中重难点的微课视频教学资源，既方便课内教学，又方便学生课外预习和复习。

③ 课程拓展资源，包括课程的重难点剖析，以及循序渐进的综合项目开发、相关培训、认证、案例、素材资源等。

教材内容满足课堂教学的需要，而数字化资源为学生课外自主探究学习提供了一个良好的平台，课堂教学与智慧职教平台结合，提高了教学效果与学习效果。

四、使用

1. 教学内容课时安排

本书建议授课 88 学时，教学单元与课时安排见表 1。

表 1　教学单元与课时安排

序号	单元名称	学时安排
1	项目准备	8
2	列表	8
3	登录和登出	8
4	注册	8
5	管理列表	8
6	录播功能	12
7	添加房源	12
8	详情展示	4
9	管理员推流功能	8
10	直播功能	4
11	应用发布	8
课时总计		88

2. 课程资源一览表

本书是云计算技术与应用专业校企"双元"合作开发的教材，配套了丰富的数字化教学资源，可使用的教学资源见表 2。

表2　课程教学资源一览表

序号	资源名称	表现形式与内涵
1	课程简介	Word文档，包括对课程内容的简单介绍和对课时、适用对象等项目的介绍，让学生对直播应用有个简单的认识
2	学习指南	Word文档，包括对学前要求、学习目标要求以及学习路径和考核标准要求，让学生知道如何使用资源完成学习
3	课程标准	Word文档，包括课程定位、课程目标要求以及课程内容与要求，可供教师类读者备课时使用
4	整体设计	Word文档，包括课程设计思路，课程具体的目标要求以及课程内容设计和能力训练设计，同时给出考核方案设计，让教师类读者理解课程的设计理念，有助于教学实施
5	授课PPT和视频	PPT文件和MP4视频文件，可帮助教师类读者理解如何教好全景画面直播应用开发这门课
6	教学单元设计	Word文档，分任务给出课程教案，帮助教师类读者完成一堂课的教学细节分析
7	微课	MP4视频文件，提供给学生更加直观的学习，有助于学习知识
8	电子课件	PPT文件，教师也可根据实际需要加以修改后使用
9	实训任务单	Word文档，为每个任务设计实训来加深课堂知识的学习，并给出实训的详细实训步骤
10	案例	Tar包，包括单元项目案例和综合案例，综合运用所学的知识
11	习题库、试卷库	Word文档，习题包括理论习题和操作习题，试卷包括单元测试和课程测试。通过练习和测试，让学习者加深对知识的掌握程度
12	附书源码	Tar包，包括本书中所有例题和任务的源代码

本书配套的资源包、运行脚本、电子教案等，读者可登录 http://www.1daoyun.com 下载或发送电子邮件至 1548103297@qq.com 索取。

五、致谢

本书由腾讯云、南京第五十五所技术开发有限公司和江苏一道云科技发展有限公司共同编写，由高等教育出版社出版。

由于作者水平有限，错误和不足之处在所难免，恳请各位读者给予批评、指正，将不胜感激。

编　者
2020.12

目　录

项目 1

项目准备

 学习目标

本项目主要完成以下学习目标：

- 熟练了解 Android SDK 的基础知识。

- 掌握腾讯云平台相关产品的基础知识并能使用。

- 掌握 JDK 安装和环境部署。

- 掌握 IDEA 软件的安装和使用其部署 JDK、Tomcat、Maven。

- 掌握 Android Studio 的安装及项目的创建。

📀 项目描述

根据项目需求搭建出需要的开发环境，一共有 3 部分：服务器端提供客户端需要展示的数据，客户端展示操作页面，腾讯云端提供文件存储和直播服务。

（1）项目介绍

该系统面向房产中介管理员和看房人两类用户，看房人可以在系统上浏览房源、查看信息、观看全景视频或者观看直播视频。而中介管理员为系统采集和录入房产信息，录入全景视频或者进行实时直播，管理自己创建的房源信息。

对这样的需求进行细化和分解，就可以得到如图 1-0-1 所示的用例图。

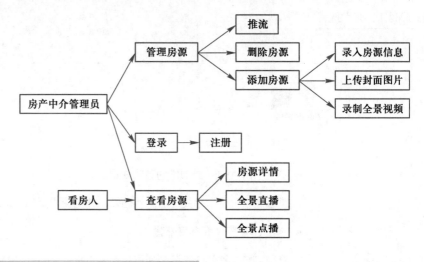

图 1-0-1
需求用例图

（2）大致流程

用户打开 APP 后进入列表展示页，该页以列表方式展示房源信息，点击具体房源进入详细展示页面，从详细展示页面可以进入全景播放页面或进入直播页面。在列表展示页面，管理员用户可以选择登录，进入管理页面。管理页面以列表方式呈现，可查看、删除该管理员添加的全部房源，或进行视频直播，同时可以进入详细展示页面查看详情，或者进入添加房源页面添加新的房源并录制全景视频。

具体流程如图 1-0-2 所示。

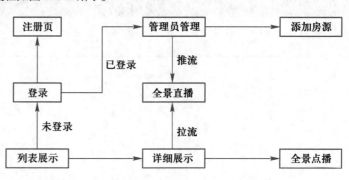

图 1-0-2
具体流程图

（3）展示客户端运行效果

客户端运行效果图如图 1-0-3～图 1-0-13 所示。

图 1-0-3
房源

图 1-0-4
登录

图 1-0-5
注册

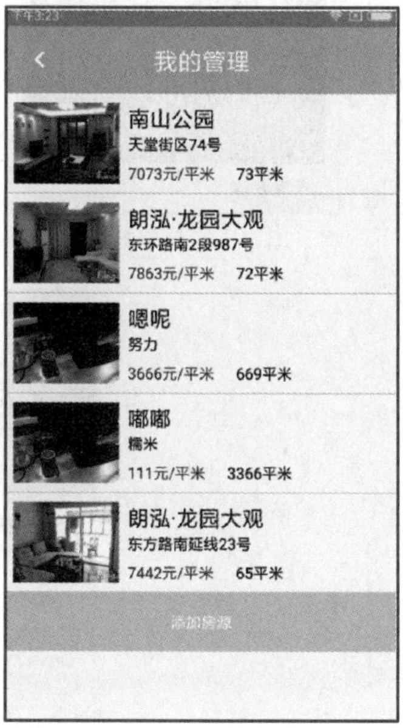

图 1-0-6
管理列表

图 1-0-7
登出

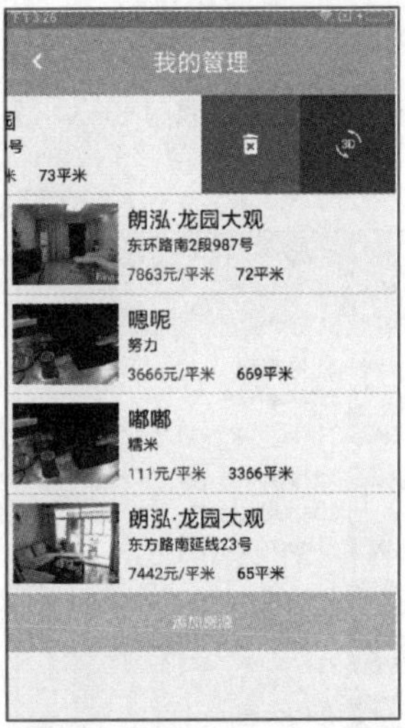

图 1-0-8
删除直播

图 1-0-9
添加房源

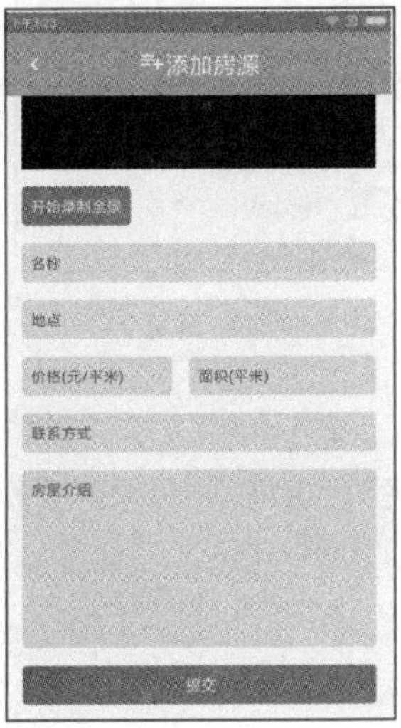

图 1-0-10
提交房源

图 1-0-11
房源展示

图 1-0-12
观看直播

图 1-0-13
直播页面

任务 1.1　服务器端环境搭建

任务 1.1
服务器端环境搭建

 任务目标

- 搭建 Java 开发环境，安装 JDK。
- 下载并安装配置 Tomcat。
- 下载并配置 Maven。
- 开发软件 IntelliJ IDEA 下载安装和配置。

 知识准备

微课 1.1
服务器端环境搭建

1. JDK

JDK（Java Development Kit），称为 Java 开发包或 Java 开发工具，是一个编写 Java 的 Applet 和应用程序的程序开发环境。JDK 是整个 Java 的核心，包括了 Java 运行环境 Java Runtime Environment，JRE）、一些 Java 工具和 Java 的核心类库（Java API）。不论什么 Java 应用服务器，实质都是内置了某个版本的 JDK，主流的 JDK 是 Sun Microsystems 公司（目前已被甲骨文公司收购）发布的。除了 Sun Microsystems 公司之外，还有很多公司和组织都开发了自己的 JDK，如 IBM 公司开发的 JDK，BEA 公司的 JRocket，还有 GNU 组织开发的 JDK。

另外，可以把 Java API 类库中的 Java SE API 子集和 Java 虚拟机这两部分统称为 JRE，JRE 是支持 Java 程序运行的标准环境。

JRE 是个运行环境，JDK 是个开发环境。因此，编写 Java 程序时需要 JDK，运行 Java

程序时需要 JRE。由于 JDK 里面已经包含了 JRE，只要安装了 JDK，就可以编辑并运行 Java 程序。但由于 JDK 包含了许多与运行无关的内容，占用的空间较大，因此运行普通的 Java 程序无须安装 JDK，只安装 JRE 即可。

JDK 的安装包可以从各个软件资源网站免费获取。2009 年，甲骨文公司宣布收购 Sun。2014 年，甲骨文公司发布了 Java 8 正式版。Java 8 目前是最新版本。

2．Tomcat

Tomcat 是 Apache 软件基金会（Apache Software Foundation）的 Jakarta 项目中的一个核心项目，由 Apache、Sun 和其他一些公司及个人共同开发而成。由于有了 Sun 公司的参与和支持，最新的 Servlet 和 JSP 规范总是能在 Tomcat 中得以体现，Tomcat 5 支持最新的 Servlet 2.4 和 JSP 2.0 规范。Tomcat 技术先进、性能稳定，并且免费，因而深受 Java 爱好者的喜爱并得到部分软件开发商的认可，成为目前比较流行的 Web 应用服务器。

Tomcat 服务器是一个免费的开放源代码的 Web 应用服务器，属于轻量级应用服务器，在中小型系统和并发访问用户不是很多的场合下被普遍使用，是开发和调试 JSP 程序的首选。对于一个初学者来说，可以这样认为，当在一台机器上配置好 Apache 服务器，可利用它响应 HTML（标准通用标记语言下的一个应用）页面的访问请求。实际上，Tomcat 是 Apache 服务器的扩展，但运行时它是独立的，所以当用户运行 Tomcat 时，它实际上是作为一个与 Apache 独立的进程单独运行。

当配置正确时，Apache 为 HTML 页面服务，而 Tomcat 实际上运行 JSP 页面和 Servlet。Tomcat 和 IIS 等 Web 服务器一样，具有处理 HTML 页面的功能。另外，它还是一个 Servlet 和 JSP 容器，独立的 Servlet 容器是 Tomcat 的默认模式。不过，Tomcat 处理静态 HTML 的能力不如 Apache 服务器。

3．Maven

Maven 项目对象模型（Project Object Model，POM），是可以通过一小段描述信息管理项目的构建、报告和文档的软件项目管理工具。

Maven 除了以程序构建能力为特色之外，还提供高级项目管理工具。由于 Maven 的默认构建规则有较高的可重用性，所以常常用两三行 Maven 构建脚本就可以构建简单的项目。由于 Maven 面向项目的方法，许多 Apache Jakarta 项目发布时都使用 Maven，这样公司项目采用 Maven 的比例在持续增长。

Maven 最初在 Jakata Turbine 项目中用来简化构建过程。当时有一些项目（有各自 Ant build 文件）仅有细微的差别，而 JAR 文件都由 CVS 来维护。于是，希望有一种标准化的方式构建项目，一个清晰的方式定义项目的组成，一个容易的方式发布项目的信息，以及一种简单的方式在多个项目中共享 JARs。

4．IntelliJ IDEA

IntelliJ IDEA 简称 IDEA，是 Java 语言开发的集成环境，其在业界被公认为最好的 Java 开发工具之一，尤其在智能代码助手、代码自动提示、重构、J2EE 支持、各类版本工具（如 Git、SVN、GitHub 等）、JUnit、CVS 整合、代码分析、创新的 GUI 设计等方面的功能可以说是非常优秀的。IDEA 是 JetBrains 公司的产品，该公司总部位于捷克共和国的首都布拉格，开发人员以严谨著称的东欧程序员为主。

IDEA 所提倡的智能编码，可以减少程序员的工作。IDEA 的特色功能有以下 22 点。

（1）智能选取

在很多时候要选取某个方法，或某个循环，或想一步一步从一个变量到整个类慢慢扩充着选取，IDEA 就提供这种基于语法的选择，在默认设置中按 Ctrl+W 组合键，可以实现选取范围的不断扩充，这种方式在重构的时候尤其显得方便。

（2）丰富的导航模式

IDEA 提供了丰富的导航查看模式，例如，按 Ctrl+E 组合键显示最近打开过的文件，按 Ctrl+N 组合键显示开发人员希望显示的类名查找框（该框同样有智能补充功能，当输入字母后，IDEA 将显示所有候选类名）。在最基本的 Project 视图中，开发者还可以选择多种视图方式。

（3）历史记录功能

不用通过版本管理服务器，单纯的 IDEA 就可以查看任何工程中文件的历史记录，在版本恢复时开发者可以很容易地将其恢复。

（4）JUnit的完美支持

（5）对重构的优越支持

IDEA 是所有 IDE 中最早支持重构的，其优秀的重构能力一直是其主要特点之一。

（6）编码辅助

Java 规范中提倡的 toString()、hashCode()、equals()以及所有的 get()/set()方法，开发人员可以不用进行任何输入就可以实现代码的自动生成，从而把开发人员从无聊的基本方法编码中解放出来。

（7）灵活的排版功能

基本所有的 IDE 都有重排版功能，但仅有 IDEA 的功能是人性化的，因为它支持排版模式的定制，开发人员可以根据不同的项目要求采用不同的排版方式。

（8）XML的完美支持

所有流行框架的 XML 文件都支持全提示。

（9）动态语法检测

任何不符合 Java 规范、自己预定义的规范、累赘等都将在页面中加亮显示。

（10）代码检查

对代码进行自动分析，检测不符合规范的、存在风险的代码，并加亮显示。

（11）对 JSP 的完全支持

不需要任何的插件，完全支持 JSP。

（12）智能编辑

代码输入过程中，自动补充方法或类。

（13）EJB 支持

不需要任何插件，完全支持EJB。

（14）列编辑模式

用过 UtralEdit 的用户会对其列编辑模式非常满意，因为它减少了很多无聊的重复工作，而 IDEA 完全支持该模式，从而提高了编码效率。

（15）预置模板

预置模板可以让开发人员把经常用到的方法编辑进模板，使用时只用输入简单的几个字母就可以完成全部代码的编写。例如，使用频率较高的 public static void main(String[] args){}，可以在模板中预设 pm 为该方法，输入时只要输入 pm，再按代码辅助键，IDEA 将完成代码的自动输入。

（16）完美的自动代码完成

智能检查类中的方法，当发现方法名只有一个时，自动完成代码输入，从而减少剩余代码的编写工作。

（17）版本控制完美支持

集成了目前市面上常见的所有版本控制工具插件，包括 Git、SVN、GitHub，让开发人员直接在 IntelliJ IDEA 中就能完成代码的提交、检出、解决冲突、查看版本控制服务器内容等。

（18）不使用代码的检查

自动检查代码中不使用的代码，并给出提示，从而使代码更高效。

（19）智能代码

自动检查代码，发现与预置规范有出入的代码给出提示，若程序员同意修改则自动完成修改。例如代码 String str = "Hello Intellij " + "IDEA";，IDEA 将给出优化提示，若程序员同意修改，IDEA 将自动将代码修改为 String str = "Hello Intellij IDEA";。

（20）正则表达式的查找和替换功能

查找和替换支持正则表达式，从而提高效率。

（21）JavaDoc预览支持

支持 JavaDoc 的预览功能，在 JavaDoc 代码中按 Ctrl+Q 组合键显示 JavaDoc 的结果，从而提高 DOC 文档的质量。

（22）程序员意图支持

程序员编码时，IDEA 时时检测程序员的意图、提供建议，或直接帮程序员完成代码。

任务实施

1. JDK 的下载与配置

（1）下载安装 JDK

首先要下载 Java 开发工具包 JDK，下载地址为 http://www.oracle.com/technetwork/java

javase/downloads/index.html。下载页面如图 1-1-1 所示。

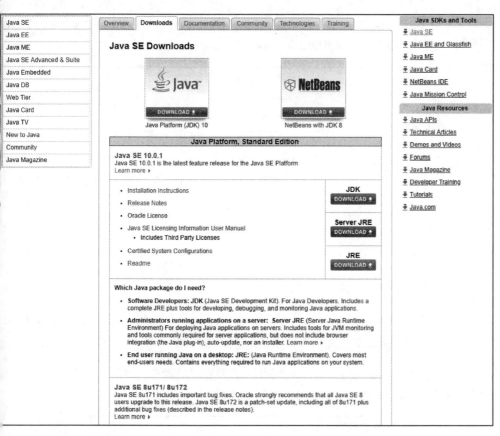

图 1-1-1
JDK 下载页面

在下载页面接受许可（Accept License Agreement），并根据自己的系统选择对应的版本，本书以 Windows x64 位系统为例，下载该版本，如图 1-1-2 所示。

图 1-1-2
下载页面接受许可

下载后成功后，双击下载文件图标即可安装，安装过程中直接单击"下一步"按钮即可，也可修改安装目录，本例安装目录为 C:\Program Files\Java\jdk1.8.0_161。

（2）环境变量配置

① 安装完成后，右击"计算机"图标，在弹出的快捷菜单中选择"属性"命令，在打开的窗口中选择"高级系统设置"选项，如图 1-1-3 所示。

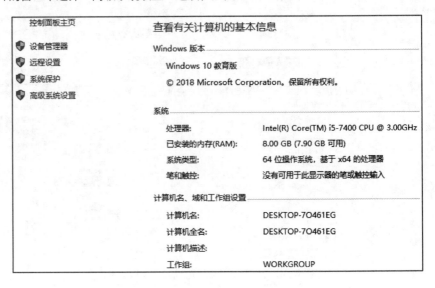

图 1-1-3
计算机基本信息

② 在打开的"系统属性"对话框中选择"高级"选项卡，如图 1-1-4 所示。单击"环境变量"按钮，打开"环境变量"对话框，如图 1-1-5 所示。

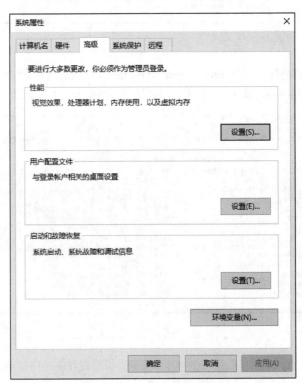

图 1-1-4
"系统属性"对话框

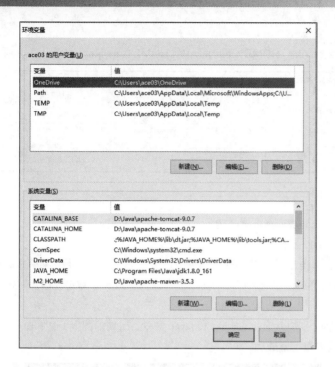

图 1-1-5
"环境变量"对话框

在"系统变量"中设置 3 项属性值，分别是 JAVA_HOME、CLASSPATH 和 Path，若已存在则单击"编辑"按钮，不存在则单击"新建"按钮。

变量设置参数如下。

● 变量名：JAVA_HOME。

变量值为 C:\Program Files\Java\jdk1.8.0_161（根据自己的实际路径配置），如图 1-1-6 所示。

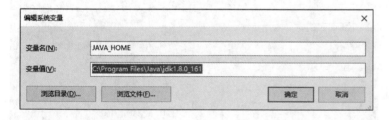

图 1-1-6
JAVA_HOME 变量

● 变量名：CLASSPATH。

变量值为 .;%JAVA_HOME%\lib\dt.jar;%JAVA_HOME%\lib\tools.jar;，如图 1-1-7 所示。

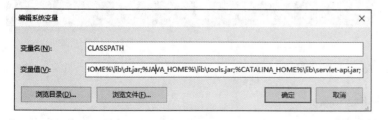

图 1-1-7
CLASSPATH 变量

● 变量名：Path

变量值为%JAVA_HOME%\bin;%JAVA_HOME%\jre\bin;，如图 1-1-8 所示。

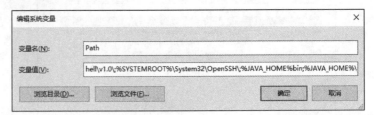

图 1-1-8
JDK 安装过程中的
Path 变量

至此，系统环境变量配置成功。

③ 测试 JDK 是否安装成功。

在桌面上单击左下角的"开始"按钮，选择"开始"→"运行"菜单命令（或按 Win+R
快捷键），在打开对话框的"打开"文本框中输入"cmd"，单击"确定"按钮，打开命令
行窗口。

在光标后分别输入 java-version 和 javac 命令，出现如图 1-1-9 和图 1-1-10 所示的信
息，说明环境变量配置成功。

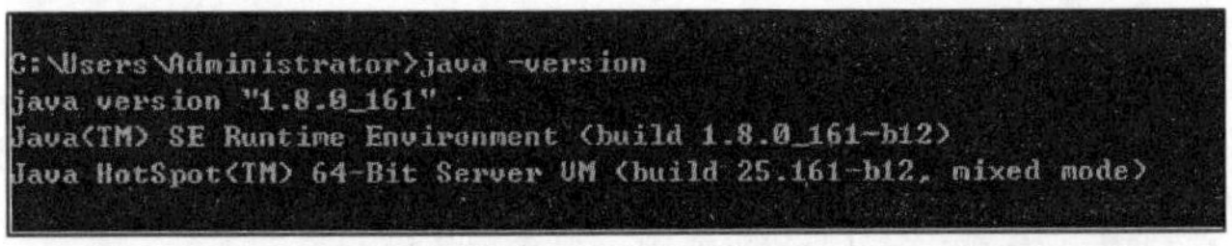

```
C:\Users\Administrator>java -version
java version "1.8.0_161"
Java(TM) SE Runtime Environment (build 1.8.0_161-b12)
Java HotSpot(TM) 64-Bit Server VM (build 25.161-b12, mixed mode)
```

图 1-1-9
java-version 命令验
证结果

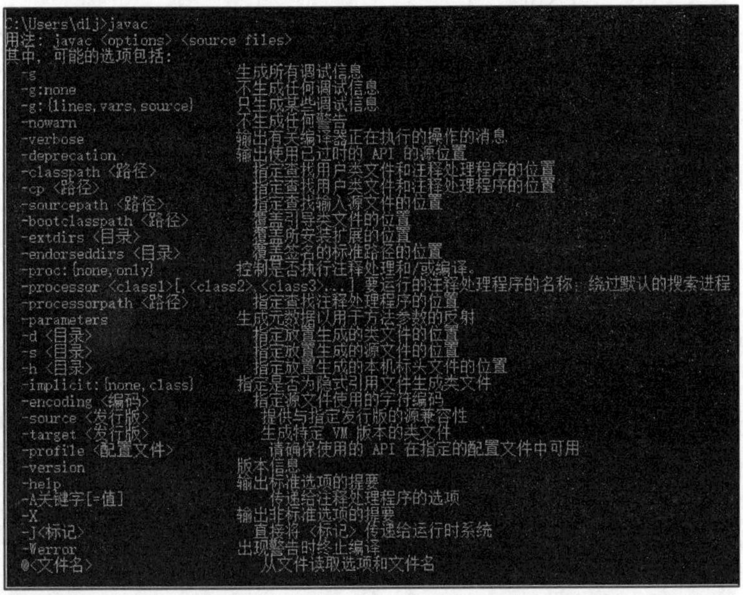

图 1-1-10
javac 命令验证结果

2. Tomcat 的下载与配置

（1）下载 Tomcat

① 进入官网（http://tomcat.apache.org/），如图 1-1-11 所示，下载所需 Tomcat 版本

12

本书选择 Tomcat 9。

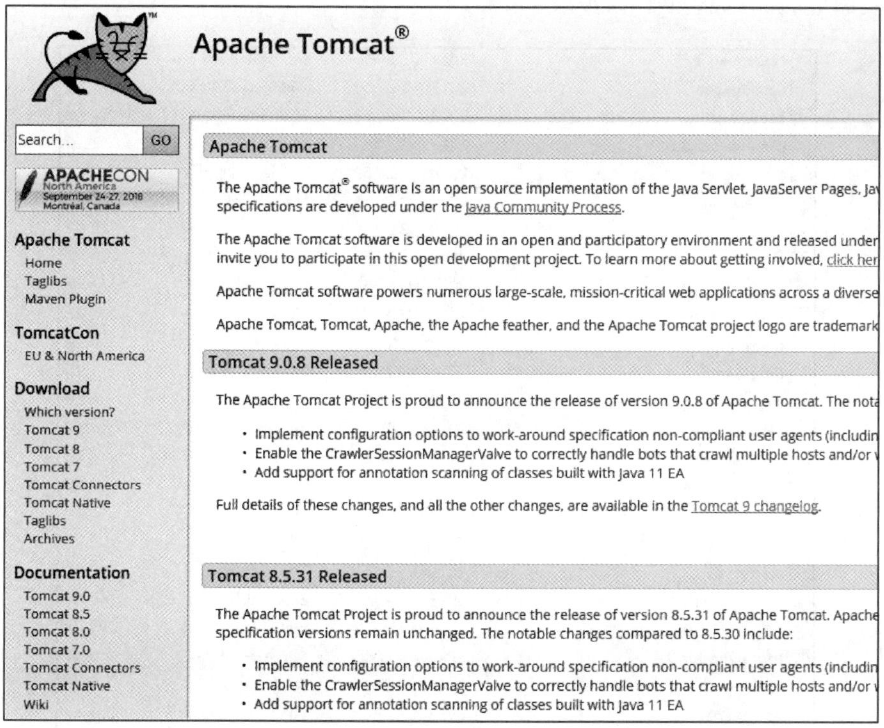

图 1-1-11

Tomcat 下载官网

注意 》》》》》》》

　　Tomcat 下载文件有 ZIP 和 EXE 两种格式，ZIP（64-bit Windows zip【pgp,sha1,sha512】、32-bit Windows zip【pgp,sha1,sha512】）是免安装版，EXE（32-bit/64-bit Windows Service Installer【pgp,sha1,sha512】）是安装版。同时需了解自己的计算机是 64 位系统还是 32 位系统。

　　本书选择下载 ZIP 版，如图 1-1-12 所示，下载后直接解压缩。

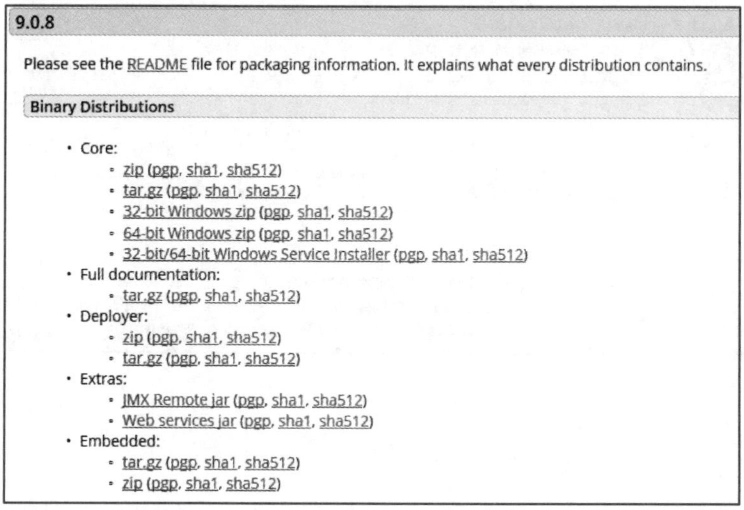

图 1-1-12

zip 版下载

② 找到目录 bin 下的 startup.bat 文件，双击启动 Tomcat。双击 shutdown.bat 文件，则关闭 Tomcat，如图 1-1-13 所示。

bootstrap.jar	2018/4/3 20:53	Executable Jar File	35 KB
catalina.bat	2018/4/3 20:53	Windows 批处理	16 KB
catalina.sh	2018/4/3 20:53	Shell Script	23 KB
catalina-tasks.xml	2018/4/3 20:53	XML 文档	2 KB
ciphers.bat	2018/4/3 20:53	Windows 批处理	3 KB
ciphers.sh	2018/4/3 20:53	Shell Script	2 KB
commons-daemon.jar	2018/4/3 20:53	Executable Jar File	25 KB
commons-daemon-native.tar.gz	2018/4/3 20:53	WinRAR 压缩文件	203 KB
configtest.bat	2018/4/3 20:53	Windows 批处理	2 KB
configtest.sh	2018/4/3 20:53	Shell Script	2 KB
daemon.sh	2018/4/3 20:53	Shell Script	9 KB
digest.bat	2018/4/3 20:53	Windows 批处理	3 KB
digest.sh	2018/4/3 20:53	Shell Script	2 KB
setclasspath.bat	2018/4/3 20:53	Windows 批处理	4 KB
setclasspath.sh	2018/4/3 20:53	Shell Script	4 KB
shutdown.bat	2018/4/3 20:53	Windows 批处理	2 KB
shutdown.sh	2018/4/3 20:53	Shell Script	2 KB
startup.bat	2018/4/3 20:53	Windows 批处理	2 KB
startup.sh	2018/4/3 20:53	Shell Script	2 KB
tomcat-juli.jar	2018/4/3 20:53	Executable Jar File	46 KB
tomcat-native.tar.gz	2018/4/3 20:53	WinRAR 压缩文件	396 KB
tool-wrapper.bat	2018/4/3 20:53	Windows 批处理	5 KB
tool-wrapper.sh	2018/4/3 20:53	Shell Script	6 KB
version.bat	2018/4/3 20:53	Windows 批处理	2 KB
version.sh	2018/4/3 20:53	Shell Script	2 KB

图 1-1-13
bin 目录列表

③ 启动 Tomcat 后，打开浏览器，在地址栏中输入 http://localhost:8080，进入如图 1-1-14 所示页面，则表示安装成功。

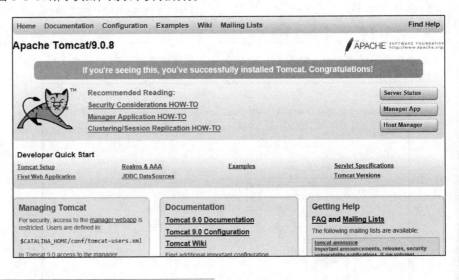

图 1-1-14
Tomcat 主页

（2）Tomcat 环境变量配置

① 安装完成后，右击"计算机"图标，在弹出的快捷菜单中选择"属性"菜单命令，

在打开的窗口中选择"高级系统设置"选项。

② 在打开的"系统属性"对话框中选择"高级"选项卡，单击"环境变量"按钮。

③ 在"系统变量"中添加系统变量 CATALINA_BASE、CATALINA_HOME。

● 变量名：CATALINA_BASE。

变量值为 D:\Java\apache-tomcat-9.0.8 //Tomcat 安装目录，如图 1-1-15 所示。

注意 ››››››››

此处根据自己的实际路径配置。

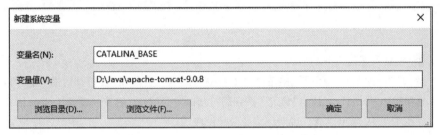

图 1-1-15
CATALINA_BASE 变量

● 变量名：CATALINA_HOME。

变量值为 D:\Java\apache-tomcat-9.0.8，如图 1-1-16 所示。

注意 ››››››››

此处根据自己的实际路径配置。

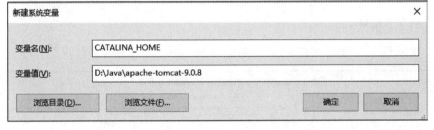

图 1-1-16
CATALINA_HOME 变量

④ 此处还需修改 CLASSPATH 和 Path 的变量值。

● 在 CLASSPATH 的变量值中加入%CATALINA_HOME%\lib\servlet-api.jar;，如图 1-1-17 所示。

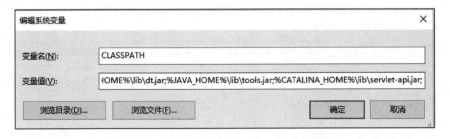

图 1-1-17
CLASSPATH 的变量值

● 在 Path 的变量值中加入%CATALINA_HOME%\bin;%CATALINA_HOME%\lib，如图 1-1-18 所示。

图 1-1-18
Path 的变量值

⑤ 验证安装是否成功。

选择"开始"→"运行"菜单命令（或按 Win+R 快捷键），在打开对话框的"打开"文本框中输入"cmd"，单击"确定"按钮后打开命令行窗口。在光标后输入 startup 命令，出现如图 1-1-19 所示信息，说明环境变量配置成功。

图 1-1-19
startup 命令验证
结果

3．Maven 下载与配置

（1）下载 Maven

下载地址为 http://maven.apache.org/download.cgi，下载页如图 1-1-20 所示。

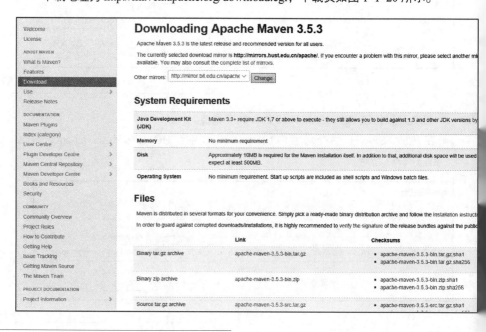

图 1-1-20
Maven 下载页

tar.gz 压缩格式用于 UNIX 操作系统，而 ZIP 用于 Windows 操作系统，但在 Windows 系统中用 WinRar 工具同样可以解压缩 tar.gz 格式。本例下载 apache-maven-3.5.3-bin.zip，然后安装在 D:\Java\apache-maven-3.5.3 目录下。

（2）配置环境变量

① 安装完成后，右击"计算机"图标，在弹出的快捷菜单中选择"属性"菜单命令，在打开的窗口中选择"高级系统设置"选项。

② 在打开的"系统属性"对话框中选择"高级"选项卡，单击"环境变量"按钮。

③ 在"系统变量"中添加系统变量 M2_HOME 和 Path（若存在可直接修改）。

● 变量名：M2_HOME。

变量值为 D:\Java\apache-maven-3.5.3（Maven 安装目录），如图 1-1-21 所示。

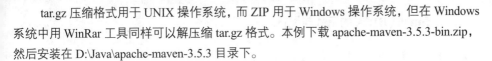

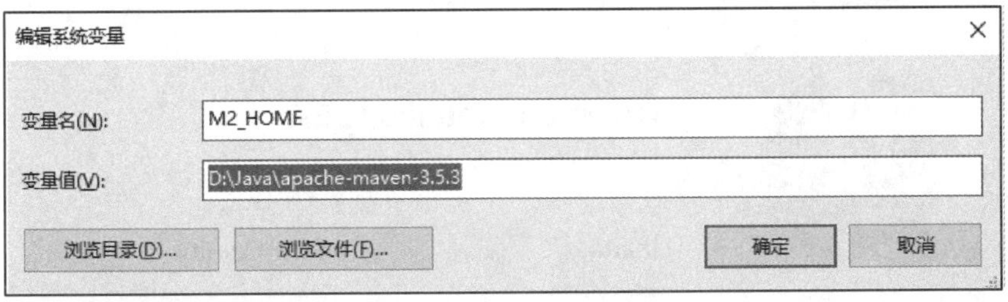

图 1-1-21
M2_HOME 变量

● 变量名：Path。

变量值为%M2_HOME%\bin，如图 1-1-22 所示。

图 1-1-22
Path 变量

（3）测试 Maven 是否安装成功

① 选择"开始"→"运行"菜单命令（或按 Win+R 快捷键），在打开的"打开"输入框中输入"cmd"，单击"确定"按钮，打开命令行窗口。

② 在窗口中光标后输入 mvn -v 命令，如果出现如图 1-1-23 所示界面，说明环境变量配置成功。

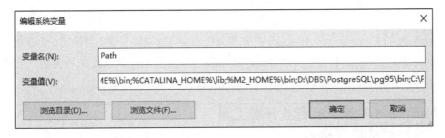

图 1-1-23
mvn-v 命令验证结果

4. IntelliJ IDEA 的下载与配置

（1）下载 IDEA

打开 IDEA 下载网址 https://www.jetbrains.com/idea/download/#section=windows，如图 1-1-24 所示。

图 1-1-24
IDEA 的下载页面

IDEA 的 Community（社区版）是开源免费的，可以直接下载免费使用，但是功能没有 Ultimate（旗舰版）齐全。Ultimate 版本通过学生或老师认证可免费使用，可通过 https://www.jetbrains.com/zh/student/申请获取，如图 1-1-25 所示。

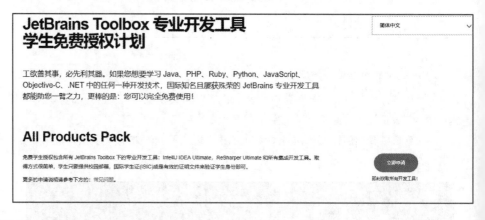

图 1-1-25
Ultimate 版本申请

（2）安装 IDEA

下载好相应的版本之后双击安装，如图 1-1-26 所示。

idealU-2018.1.1.exe	2019/4/12 10:31	应用程序	541,689 KB

图 1-1-26
IDEA 安装程序

选择安装路径，如图 1-1-27 所示。

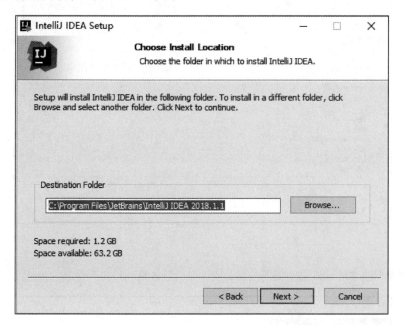

图 1-1-27
安装路径选择

选择启动的版本，以及文件关联，如图 1-1-28 所示。

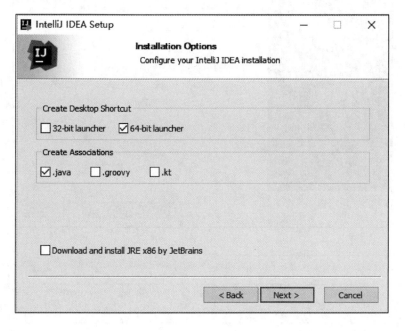

图 1-1-28
启动版本及文件关联

命名"开始"菜单栏中的文件夹名称，如图 1-1-29 所示。

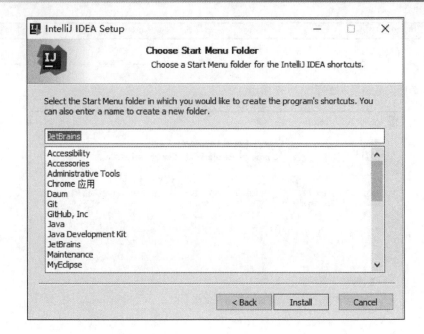

图 1-1-29
命名文件夹名称

然后单击"Install"按钮进行安装，安装完成后如图 1-1-30 所示。

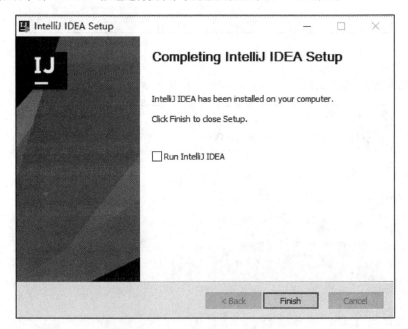

图 1-1-30
Intellij IDEA 安装完成

注意 >>>>>>>>

安装过程中需要注册，直接输入已取得的注册码即可。

（3）IDEA 配置 JDK

① 打开 IDEA，在主菜单中选择"File"→"Project Structure"菜单命令，如图 1-1-31

所示。

　　② 在打开的对话框左侧标签栏中选择"SDKs"选项，再单击左上角"＋"按钮，在其下拉菜单中选择"JDK"选项，如图 1-1-32 所示。

图 1-1-31
Project Structure 菜单命令

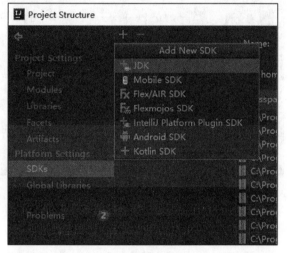

图 1-1-32
选择 JDK

　　③ 在打开的对话框中选择 JDK 安装路径，单击"OK"按钮即可配置成功，如图 1-1-33 所示。

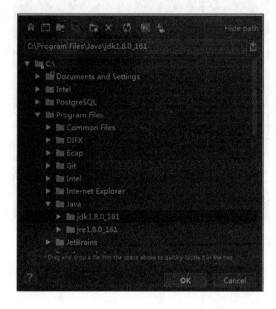

图 1-1-33
选择 JDK 安装路径

如图 1-1-34 所示，可以看到 JDK 已经在 IDEA 中配置完成。

图 1-1-34
IDEA JDK 配置成功

（4）IDEA 配置 Tomcat

① 打开 IDEA，在主菜单中选择"Run"→"Edit Configurations"菜单命令，如图 1-1-35 所示。

图 1-1-35
Edit Configurations
菜单命令

② 在打开的对话框中单击上方的"＋"按钮，选择"Tomcat Server"→"Local"菜单命令，如图 1-1-36 所示。

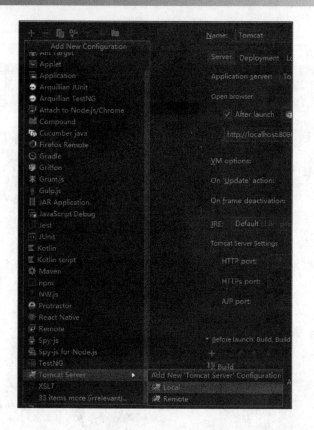

图 1-1-36
Tomcat Server 菜单命令

③ 在 Tomcat Server→Unnamed 下，选择 Server 标签，在 Application server 中单击
"Configure" 按钮，找到本地 Tomcat 服务器，再单击"OK" 按钮，如图 1-1-37 和图 1-1-38
所示。

图 1-1-37
Configure 命令

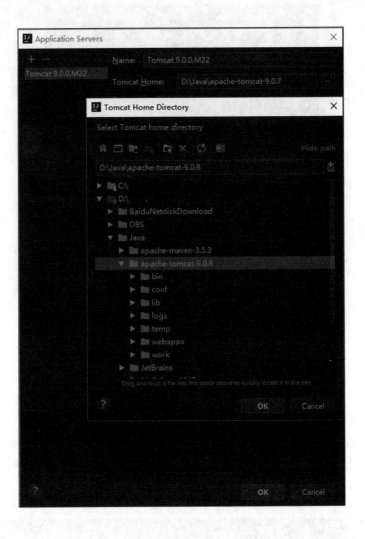

图 1-1-38
定位本地 Tomcat
服务器

（5）IDEA 配置使用 Maven

① 在 IDEA 主菜单中选择 "File" → "New" → "Project" 菜单命令。

② 在打开的对话框中选择 "Maven" 选项，选中 "Create from archetype" 复选框，选择 "org.apache.maven.archetypes:maven-archetype-webapp" 选项，然后单击 "Next" 按钮，如图 1-1-39 所示。

③ 在 "New Project" 对话框中定义 GroupId、ArtifacId，然后单击 "Next" 按钮，如图 1-1-40 所示。

- GroupId：定义了项目属于哪个组，一般而言，此项通常和公司或组织关联。
- ArtifactId：定义了当前 Maven 项目在组中的唯一 ID，实际对应项目的名称，就是项目根目录的名称。

图 1-1-39
maven-archetype-webapp 选项

图 1-1-40
定义 GroupId 和 ArtifacId

④ 如图 1-1-41 所示，直接选择默认配置，由于创建完成之后会下载一些文件，导致进度比较慢，所以这里先配置好 Maven 路径后再单击"＋"按钮。在打开的对话框中输入对应的 Name 和 Value，如图 1-1-42 所示，然后单击"OK"按钮返回"New Project"对话框，最后单击"Next"按钮进行加载。

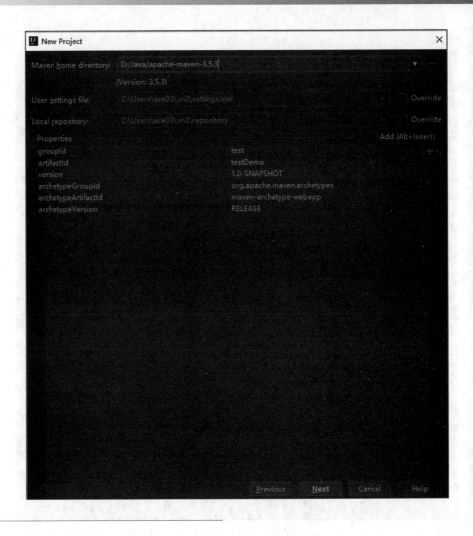

图 1-1-41
配置 Maven 路径

图 1-1-42
输入 Name 和 Value

archetypeCatalog 表示插件使用的 archetype 元数据，不加载该参数时默认为 remote。local 即中央仓库 archetype 元数据，由于中央仓库的 archetype 太多，导致很慢，故指定internal 来表示仅使用内部元数据。

⑤ 输入 Project name 和 Module name，并选择项目所在的路径，如图 1-1-43所示。

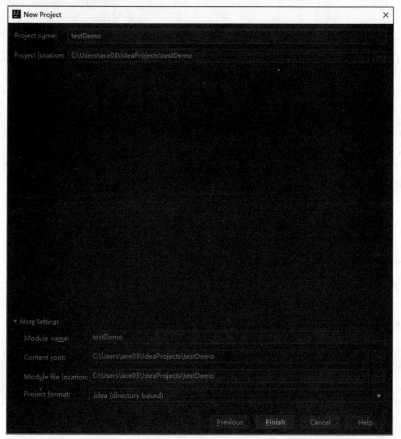

图 1-1-43
Project name 和 Module name

Module name 默认和 Project name 一样，但如果该项目只有这一个 Module，可不修改，如果有很多 Module，则需要修改。

⑥ 待目录结构变成如图 1-1-44 所示的结构，说明项目创建完成。

图 1-1-44
项目创建完成

任务 1.2　客户端环境搭建

微课 1.2
客户端环境搭建

任务目标

- 安装软件开发环境和软件开发工具包 JDK 和 SDK。
- 安装 Android 集成开发工具 Android Studio。

知识准备

1. SDK

SDK（Software Development Kit）即软件开发工具包。SDK 被定义为特定的软件包、软件框架、硬件平台、操作系统等建立应用软件的开发工具集。

Android SDK 是开发 Android 应用程序的工具包。Android SDK 目录下有多个文件夹，各个文件夹的作用如下。

① add-ons 文件夹用来存放附加库，即第三方公司为 Android 平台开发的附加功能系统，如 GoogleMaps，如果用户安装了 OphoneSDK，也会有一些类库在里面。

② docs 文件夹用来存放 Android SDK API 参考文档，所有的 API 都可以在这里查到。

③ market_licensing 文件夹作为 AndroidMarket 版权保护组件，一般发布付费应用到电子市场可以用它来反盗版。

④ platforms 文件夹是每个平台的 SDK 真正的文件，里面会根据 API Level 划分 SDK 的版本。这里就以 Android 2.2 为例，打开该文件夹后有一个名为 android-8 的文件夹，其中是 Android 2.2 SDK 的主要文件。其中，ant 目录存放 ant 编译脚本，data 目录存放一些系统资源，images 目录存放模拟器映像文件，skins 目录存放 Android 模拟器的皮肤，templates 目录存放工程创建的默认模板，android.jar 目录存放该版本的主要 framework 文件，tools 目录里面包含了重要的编译工具，如 aapt、aidl、逆向调试工具 dexdump 和编译脚本 dx。

⑤ platform-tools 文件夹保存着一些通用工具，如 adb 和 aapt、aidl、dx 等文件。这里和 platforms 目录中 tools 文件夹有些重复，主要是因为从 Android 2.3 开始，这些工具被划分为通用了。

⑥ samples 文件夹是 Android SDK 自带的默认示例工程，里面的 API Demos 强烈推荐初学者运行学习。对于 SQLite 数据库操作可以查看 NotePad 这个例子，对于游戏开发 Snake、LunarLander 都是不错的例子，对于 Android 主题开发 Home 则是 Android 5 时代的主题设计原理。

⑦ tools 文件夹包含了许多重要的工具，例如，用于启动 Android 调试工具 DDMS（Dalvik Debug Monitor Service，Android 开发环境中的 Dalvik 虚拟机调试监控服务），以及 logcat、屏幕截图和文件管理器等。draw9patch 则是绘制 Android 平台的可缩放 PNG 图片的工具；sqlite3 是可以在 PC 上操作 SQLite 数据库；monkeyrunner 则是一个不错的压力测试应用，它可以模拟用户随机按键；mksdcard 则是模拟器 SD 映像的创建工具；emulator 是 Android SDK 模拟器主程序，不过从 Android 1.5 开始，需要输入合适的参数才能启动

模拟器；traceview 则是作为 Android 平台上重要的调试工具。

⑧ build-tools 文件夹里有各个版本模拟器在 Android 平台的相关通用工具，如 AAPT、aidl、dx 等文件。AAPT 即 Android Asset Packaging Tool，在 SDK 的 build-tools 目录下。该工具可以查看、创建和更新 ZIP 格式的文档附件（如 ZIP、JAR、APK），也可将资源文件编译成二进制文件。

⑨ extras 文件夹下存放了谷歌公司提供的 USB 驱动、英特尔公司提供的硬件加速等附加工具包。

2．Android Studio

Android Studio 是谷歌公司新推出的 Android 开发环境，这也是为了方便开发人员基于 Android 开发。这个工具与之前用户众多的 Eclipse ADT 相比更加方便、高效。

首先，解决了多分辨率问题。Android 设备拥有大量不同规格的屏幕和分辨率，开发人员可以利用 Android Studio 很方便地调整在各个分辨率设备上的应用。

其次，Android Studio 还解决了语言问题。拥有多语言版本（但没有中文版本）、支持翻译的功能都让开发人员更适应全球开发环境。Android Studio 还提供收入记录功能。

最大的改变在于 Beta 测试的功能。Android Studio 提供了 Beta Testing，可以让开发人员很方便地试运行。

另外该工具的代码提示和搜索功能非常强大，非常智能。例如，开发人员自定义 theme 有个名字叫做 light_play_card_bg.xml，如果在 Eclipse 里，用户必须要输入 light 开头才能提示下面的内容，而在 Android Studio 里，用户只需要输入其中的任意一段，如 card，下面就会出现提示的内容。

Android Studio 会智能预测并给开发人员最优的提示。每一次并非都是相同的提示结果，而可能是用户最想用、最可能用的结果。

Android Studio 相对 Eclipse 而言，明显的优势有如下几点。

① 颜色、图片在布局和代码中可以实时预览。

② 多屏预览、截图带有设备框，可随时录制模拟器视频。

③ 可以直接打开文件所在位置。

④ 跨工程移动、搜索和跳转。

⑤ 自动保存，无需一直按 Ctrl + S 组合键。

⑥ 即使文件关闭，依然可以回退 N 个历史。

⑦ 智能重构和智能预测报错。

⑧ 每一行文件编辑历史可追溯到人。

⑨ 自带较强大的图片编辑等。

正是因为 Android Studio 具有较多方便开发人员的特点，目前用户越来越多。

任务实施

1．配置 JDK

此部分与 Java 后台布置 JDK 介绍一致，若已配置完成，可跳过此步骤。详细可参考任务 1.1 服务器端环境搭建中的 JDK 下载与配置。

2. 下载 SDK

Android SDK 采用了 Java 语言，在安装 Android Studio 时设定好路径，系统会自动下载安装。

3. 安装配置和运行 Android Studio

（1）安装配置 Android Studio

① 获取 Android Studio。

进入官网（https://developer.android.com/studio/index.html），下载无 Android SDK 的 AndroidStudio 版本。本书采用的是 AndroidStudio 3.0.1 版本。

下载完成后，打开安装向导。

② 选择需要安装的组件。

用户可以使用默认选项，也可以根据自己的需求在列表框中进行选择，如图 1-2-1 所示。

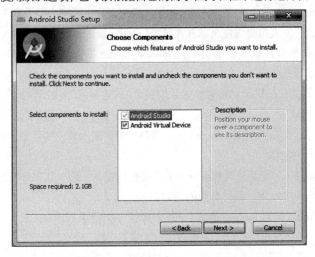

图 1-2-1
选择需要安装的组件

③ 选择安装目录。

选择 Android Studio 的安装目录，然后单击"Next"按钮，如图 1-2-2 所示。

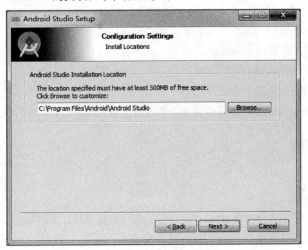

图 1-2-2
选择安装目录

④ 安装完成，如图 1-2-3 所示。

图 1-2-3
Android Studio 安装完成

这里 Android Studio 程序安装完毕，但是还需要继续对其进行配置。选中"Start Android Studio"复选框，然后单击"Finish"按钮启动 Android Studio，出现如图 1-2-4 所示对话框，选中"Do not import settings"单选按钮，然后单击"OK"按钮跳转到启动界面，如图 1-2-5 所示。

在启动时会弹出如图 1-2-6 所示的提示对话框，单击"Cancel"按钮，进入 Android Studio 安装向导界面。

图 1-2-4
是否载入设置

图 1-2-5
Android Studio 启动界面

图 1-2-6
提示

根据提示单击"Next"按钮进入选择安装类型页面，如图 1-2-7 所示。

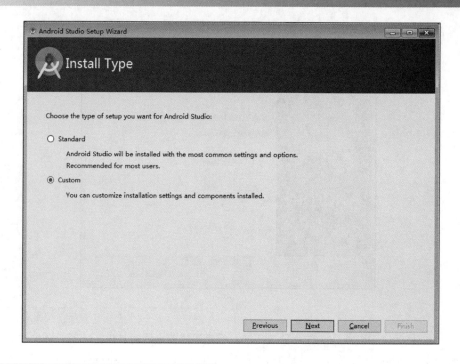

图 1-2-7
未检测到 SDK

选中"Custom"单选按钮，单击"Next"按钮，进入下一步配置 SDK，如图 1-2-8 所示。

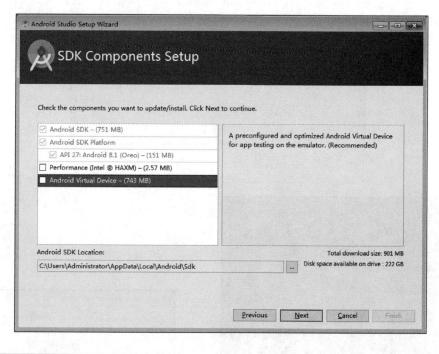

图 1-2-8
配置 SDK

这里需要指定 SDK 的本地路径，如果电脑中已经存在 SDK，可以指定该路径，后续可以不用下载 SDK。此处演示本地没有安装过 SDK 的场景，读者可以指定一个后续将保存 SDK 的路径。

单击"Next"按钮，进入下载 SDK 预览页面，如图 1-2-9 所示。

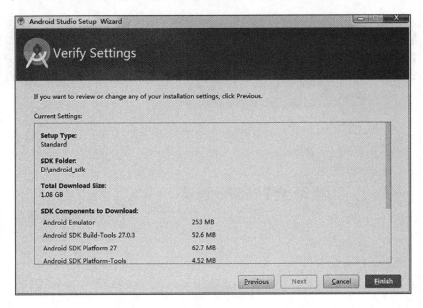

图 1-2-9
下载 SDK 预览

单击"Finish"按钮后，开始自动下载 SDK（此时需要保证计算机联网）。下载完成 SDK 后，单击"Finish"按钮进入 Android Studio 的欢迎界面，如图 1-2-10 所示。

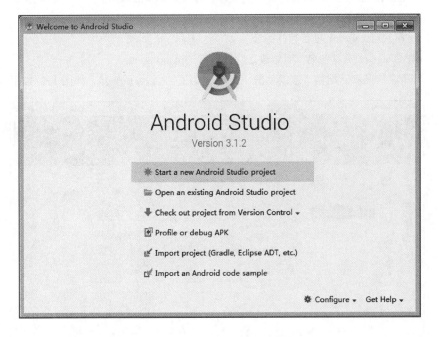

图 1-2-10
Android Studio 欢迎界面

（2）新建工程

配置 Android Studio 第一次运行环境，并且能成功编译运行一个 APP，以 helloworld 为例。

单击如图 1-2-10 所示的"Start a new Android Studio project"按钮，新建一个工程，

进入如图 1-2-11 所示的创建项目界面。

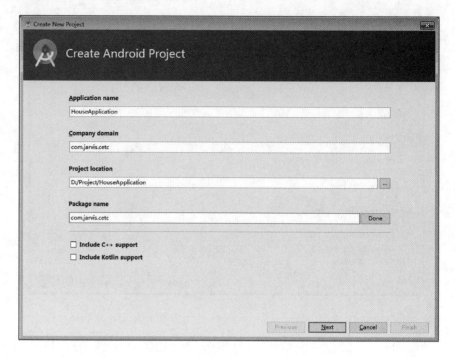

图 1-2-11
创建项目界面

- Application name：项目名称。此处取名 HouseApplication。
- Company domain：公司域名，可自定义。此处取名 com.jarvis.cetc。
- Project location：项目存储路径。
- Package name：包名，可修改。此处取名 com.jarvis.cetc。

接下来按照默认配置，连续单击"Next"按钮，直到最后一步，如图 1-2-12 所示。

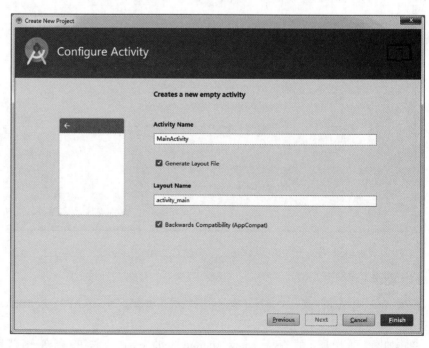

图 1-2-12
配置页面

单击"Finish"按钮，如图 1-2-13 所示。

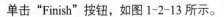

Building 'MyApplication2' Gradle project info

Gradle: Download https://services.gradle.org/distributions/gradle-4.4-all....

Cancel

图 1-2-13
项目建立

第一次建立工程时会卡在该界面，因为从网上下载 Gradle 构建工具，是从国外站点下载，网速很慢，需耐心等待。完成后会打开 Android Studio 软件环境界面，如图 1-2-14 所示。

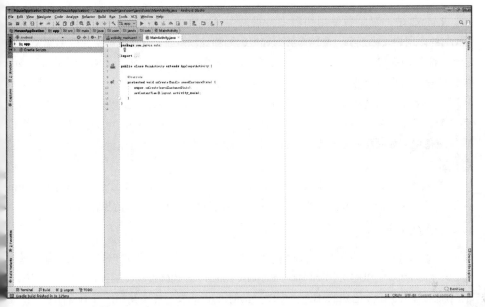

图 1-2-14
Android Studio 软件环境界面

工程建立之后就可以进行测试。因为本例用到了外接摄像头，需要硬件的支持，所以不推荐使用模拟器测试，后续所有操作，都是采用真机测试。

任务 1.3　腾讯云端环境搭建

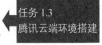

任务 1.3
腾讯云端环境搭建

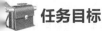 **任务目标**

- 了解腾讯云服务器。
- 了解 Linux 的常用命令，并利用 Xshell 进行 SSH 连接并安装部署服务器环境。
- 了解腾讯云的对象存储 COS 与万象优图，并进行配置使用。
- 理解腾讯云的关系型数据库，并进行配置和使用。
- 熟悉腾讯云直播 LVB 模块。

知识准备

1. 云服务器相关名词解释

（1）CVM

云服务器（Cloud Virtual Machine，CVM）为用户提供安全可靠的弹性计算服务。只需几分钟，用户就可以在云端获取和启用 CVM，来实现计算需求。随着业务需求的变化，用户可以实时扩展或缩减计算资源。 CVM 支持按实际使用的资源计费，可以节约计算成本。使用 CVM 可以极大降低软硬件采购成本，简化 IT 运维工作。

（2）Linux

Linux 是一套免费使用和自由传播的类 UNIX操作系统，是一个基于POSIX和UNIX的多用户、多任务、支持多线程和多CPU的操作系统。它能运行主要的 UNIX 工具软件、应用程序和网络协议。它支持32 位和64 位硬件。Linux继承了 UNIX 以网络为核心的设计思想，是一个性能稳定的多用户网络操作系统。

Linux 操作系统诞生于 1991 年 10 月 5 日（这是第一次正式向外公布时间）。Linux 存在着许多不同的 Linux 版本，但它们都使用了Linux 内核。Linux 可安装在各种计算机硬件设备中，如手机、平板电脑、路由器、视频游戏控制台、台式计算机、大型机和超级计算机。

严格来讲，Linux 这个词本身只表示 Linux 内核，但实际上人们已经习惯了用 Linux 来形容整个基于 Linux 内核，并且使用GNU工程各种工具和数据库的操作系统。

（3）CentOS

CentOS（Community Enterprise Operating System，社区企业操作系统）是 Linux 发行版之一，CentOS 是RHEL（Red Hat Enterprise Linux）源代码再编译的产物，而且在 RHEL 的基础上修正了不少已知的 Bug，相对于其他 Linux 发行版，其稳定性值得信赖。由于出自同样的源代码，因此有些要求高度稳定性的服务器以 CentOS 替代商业版的 RHEL 使用。两者的不同，在于 CentOS 并不包含封闭源代码软件。

每个版本的 CentOS 都会获得 10 年的支持（通过安全更新方式）。新版本的 CentOS 大约每两年发行一次，而每个版本的 CentOS 会定期（大约每 6 个月）更新一次，以便支持新的硬件。这样，建立一个安全、低维护、稳定、高预测性、高重复性的 Linux 环境。

（4）Xshell

Xshell 是一个强大的安全终端模拟软件，它支持 SSH1、SSH2 以及 Microsoft Windows 平台的 TELNET 协议。Xshell 通过互联网到远程主机的安全连接以及它创新性的设计和特色帮助用户在复杂的网络环境中享受他们的工作。Xshell 可以在 Windows 界面下用来访问远端不同系统下的服务器，从而比较好地达到远程控制终端的目的。

（5）SSH

SSH 为 Secure Shell（安全外壳协议）的缩写，由 IETF 的网络工作小组（Network Working Group）所制定。SSH 是为建立在应用层基础上的安全协议。SSH 是目前较可靠，专为远程登录会话和其他网络服务提供安全性的协议。利用 SSH 可以有效防止远程管理过程中的信息泄露问题。SSH 最初是 UNIX 系统上的一个程序,后来又迅速扩展到其他操作平台。SSH 在正确使用时可弥补网络中的漏洞。SSH 客户端适用于多种平台。几乎所有 UNIX 平台,包括 HP-UX、Linux、AIX、Solaris、Digital UNIX、Irix 以及其他平台,都可运行 SSH。

(6)Wget

Wget 是一个从网络上自动下载文件的自由工具,支持通过 HTTP、HTTPS、FTP 这 3 个最常见的 TCP/IP 协议下载,并可以使用 HTTP 代理。Wget 这个名称来源于 World Wide Web 与 get 的结合。

所谓自动下载,是指 Wget 可以在用户退出系统之后在后台继续执行,直到下载任务完成。

2. 对象存储与万象优图

(1)对象存储

腾讯云对象存储(Cloud Object Storage,COS)是腾讯云为企业和个人开发人员提供的一种能够存储海量数据的分布式存储服务,用户可随时通过互联网对大量数据进行批量存储和处理。腾讯云 COS 具有高扩展性、低成本、可靠和安全等特点,能提供专业的数据存储服务。用户可以使用控制台、API、SDK 等多种方式连接到腾讯云对象存储,实时存储和管理业务数据。

(2)万象优图

万象优图(Cloud Image)为开发者提供高可用、高质量的海量图片处理服务,同时提供图片压缩、图片裁剪、图片水印等功能,满足多种业务场景下的图片需求。

其优势如下。

- 数据可靠:原图数据存储于腾讯云对象存储 COS 中,数据跨多架构、多设备冗余存储,提供异地容灾和资源隔离,保证业界领先的数据持久性。
- 持久可用:高性能的缓存层,搭配高性能的处理集群,快速返回图片样式图。针对大图片处理场景,增加了异步处理队列逻辑,提高样式图处理的成功率。
- 安全防护:在各类防攻击基础上,图片访问也提供了业务层的全面防护,支持水印、原图保护、防盗链、私密访问,保护版权防止资源外泄。
- 弹性扩容:无需提前规划业务规模,按量付费自动扩容;无需关注底层存储与图片处理细节,降低研发运维投入。
- 快速集成:存储接入腾讯云对象存储 COS 的客户,即开即用,无需集成额外的上传 SDK,在原下载接口拼接简易参数即可上线使用。

3. 云数据库 for PostgreSQL

云数据库(Cloud DataBase,CDB)是腾讯云提供的关系型数据库云服务,基于 PCI-e SSD 存储介质,提供高达 245 509 QPS 的强悍性能。CDB 支持 MySQL、SQL Server、TDSQL(兼容 mariaDB)引擎、PostgreSQL 等,相对于传统数据库更容易部署、管理和扩展,默认支持主从实时热备,并提供容灾、备份、恢复、监控、迁移等数据库运维全套解决方案。

PostgreSQL（也称为 Post-gress-Q-L）是一个功能强大的开源对象关系数据库管理系统（ORDBMS），用于安全存储数据，支持最佳做法，并允许在处理请求时检索它们。

PostgreSQL 由 PostgreSQL 全球开发集团（全球志愿者团队）开发。它不受任何公司或其他私人实体控制。它是开源的，其源代码是免费提供的。

PostgreSQL 是跨平台的，可以在许多操作系统上运行，如 Linux、FreeBSD、OS X、Solaris 和 Microsoft Windows 等。PostgreSQL 的官方网站是https://www.postgresql.org/。

PostgreSQL 特点如下。

- PostgreSQL 可在所有主要操作系统，即 Linux、UNIX（AIX、BSD、HP-UX、SGI IRIX、Mac OS X、Solaris、Tru64）和 Windows 等上运行。
- PostgreSQL 支持文本、图像、声音和视频，并包括用于 C/C++、Java、Perl、Python、Ruby、Tcl 和开放数据库连接（ODBC）的编程接口。
- PostgreSQL 支持 SQL 的许多功能，如复杂 SQL 查询、SQL 子选择、外键、触发器、视图、事务、多进程并发控制（MVCC）、流式复制（9.0）、热备（9.0）。
- 在 PostgreSQL 中，表可以设置为从"父"表继承其特征。
- 可以安装多个扩展以向 PostgreSQL 添加附加功能。

4. 直播

直播（Live Video Broadcasting，LVB）依托腾讯强大的技术平台，将腾讯视频等核心业务底层能力开放给用户，为用户提供专业稳定快速的直播接入和分发服务，全面满足超低延迟和超大并发访问量的苛刻要求，并提供腾讯自研的推流器和播放器 SDK，方便在客户端定制自己的推流器和播放器 APP。它具有低延迟、高安全、高性能、易接入、多终端、多码率支持等特点。

任务实施

1. 部署云服务器

① 打开腾讯云网址 https://cloud.tencent.com/，进行注册和登录。

② 在页面中选择"产品"→"计算"→"云服务器"选项，跳转到云服务器 CVM 购买页面。单击"立即选购"按钮进行购买，如图 1-3-1 所示。

图 1-3-1
选购 CVM

③ 服务器推荐配置选择，如图 1-3-2 所示。

● 操作系统：CentOS 7.2。

● 运算配置：1 核 1 GB。

● 公网带宽：1 Mbit/s。

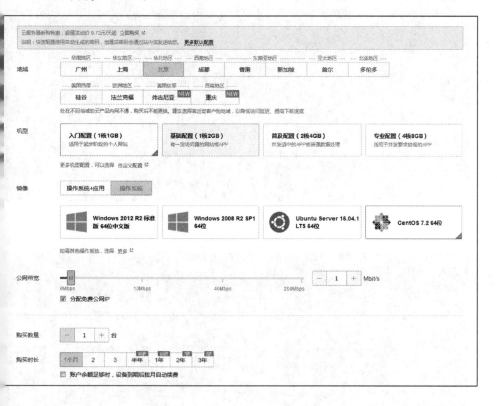

图 1-3-2
服务器推荐配置

④ 获取地址信息，如图 1-3-3 所示。

图 1-3-3
获取地址信息

⑤ 使用工具连接。可使用 Xshell 通过 SSH 连上服务器，如图 1-3-4 所示。

⑥ 软件环境安装（云服务器）。

安装 Wget：执行 yum install wget -y 命令，如图 1-3-5 所示。

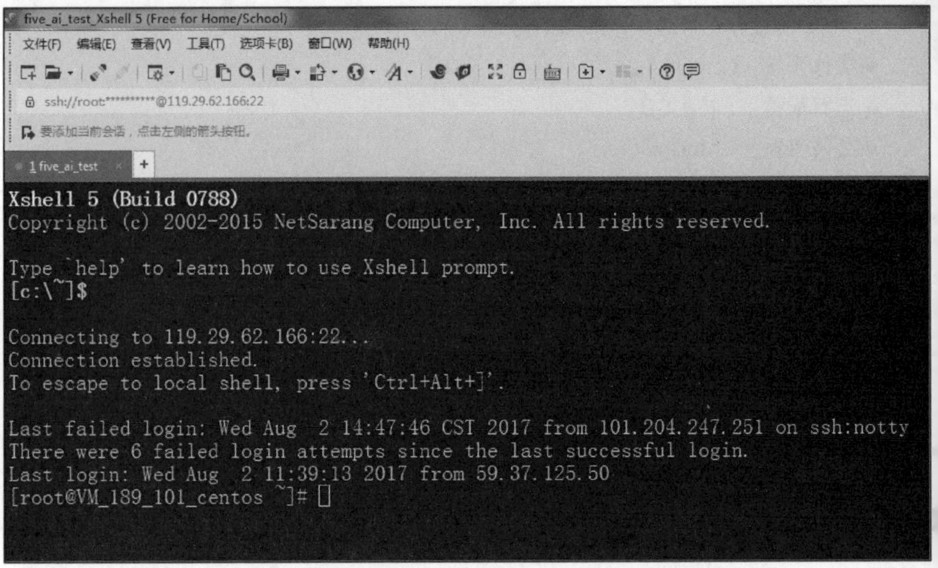

图 1-3-4
Xshell 工具

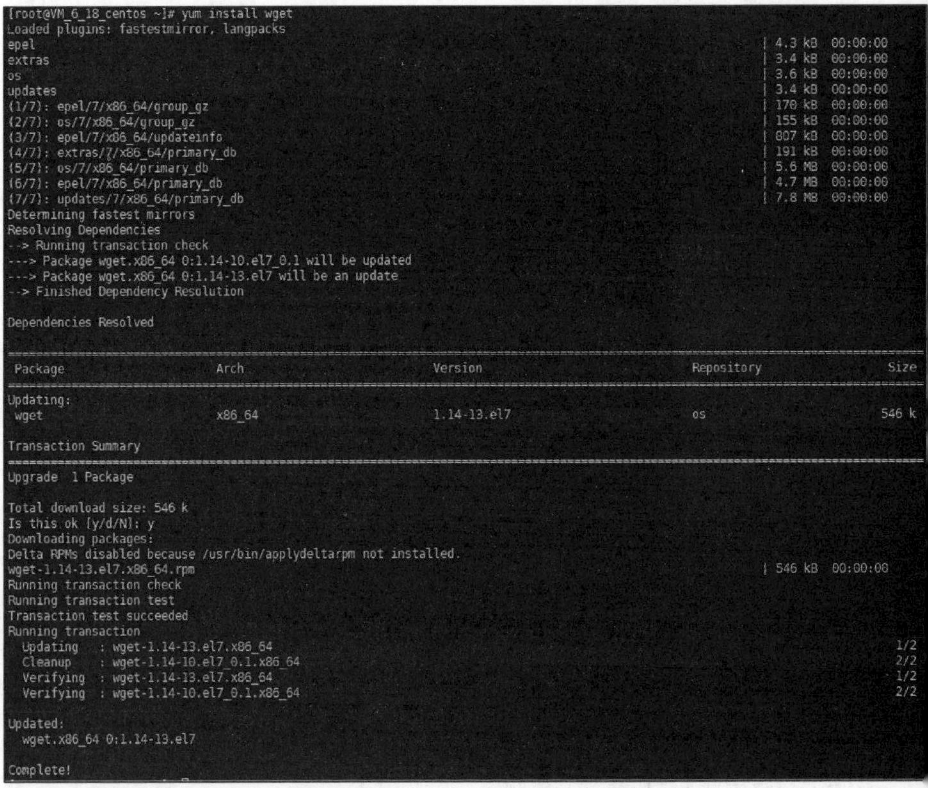

图 1-3-5
安装 Wget

安装 OpenJDK：执行 yum install java-1.8.0-openjdk* -y 命令，如图 1-3-6 所示。

```
[root@VM_6_18_centos local]# yum install java-1.8.0-openjdk*
Loaded plugins: fastestmirror, langpacks
Loading mirror speeds from cached hostfile
Resolving Dependencies
--> Running transaction check
---> Package java-1.8.0-openjdk.x86_64 1:1.8.0.141-1.b16.el7_3 will be installed·
--> Processing Dependency: xorg-x11-fonts-Type1 for package: 1:java-1.8.0-openjdk-1.8.0.
141-1.b16.el7_3.x86_64
--> Processing Dependency: libpng15.so.15(PNG15_0)(64bit) for package: 1:java-1.8.0-open
jdk-1.8.0.141-1.b16.el7_3.x86_64
--> Processing Dependency: libjpeg.so.62(LIBJPEG_6.2)(64bit) for package: 1:java-1.8.0-o
penjdk-1.8.0.141-1.b16.el7_3.x86_64
--> Processing Dependency: fontconfig(x86-64) for package: 1:java-1.8.0-openjdk-1.8.0.14
1-1.b16.el7_3.x86_64
--> Processing Dependency: libpng15.so.15()(64bit) for package: 1:java-1.8.0-openjdk-1.8
.0.141-1.b16.el7_3.x86_64
--> Processing Dependency: libjpeg.so.62()(64bit) for package: 1:java-1.8.0-openjdk-1.8.
0.141-1.b16.el7_3.x86_64
--> Processing Dependency: libgif.so.4()(64bit) for package: 1:java-1.8.0-openjdk-1.8.0.
141-1.b16.el7_3.x86_64
--> Processing Dependency: libXtst.so.6()(64bit) for package: 1:java-1.8.0-openjdk-1.8.0
.141-1.b16.el7_3.x86_64
--> Processing Dependency: libXrender.so.1()(64bit) for package: 1:java-1.8.0-openjdk-1.
8.0.141-1.b16.el7_3.x86_64
--> Processing Dependency: libXi.so.6()(64bit) for package: 1:java-1.8.0-openjdk-1.8.0.1
41-1.b16.el7_3.x86_64
--> Processing Dependency: libXext.so.6()(64bit) for package: 1:java-1.8.0-openjdk-1.8.0
.141-1.b16.el7_3.x86_64
--> Processing Dependency: libXcomposite.so.1()(64bit) for package: 1:java-1.8.0-openjdk
-1.8.0.141-1.b16.el7_3.x86_64
--> Processing Dependency: libX11.so.6()(64bit) for package: 1:java-1.8.0-openjdk-1.8.0.
141-1.b16.el7_3.x86_64
---> Package java-1.8.0-openjdk-accessibility.x86_64 1:1.8.0.141-1.b16.el7_3 will be ins
talled
--> Processing Dependency: java-atk-wrapper for package: 1:java-1.8.0-openjdk-accessibil
ity-1.8.0.141-1.b16.el7_3.x86_64
---> Package java-1.8.0-openjdk-accessibility-debug.x86_64 1:1.8.0.141-1.b16.el7_3 will
be installed
---> Package java-1.8.0-openjdk-debug.x86_64 1:1.8.0.141-1.b16.el7_3 will be installed
---> Package java-1.8.0-openjdk-debuginfo.x86_64 1:1.8.0.141-1.b16.el7_3 will be install
ed
---> Package java-1.8.0-openjdk-demo.x86_64 1:1.8.0.141-1.b16.el7_3 will be installed
---> Package java-1.8.0-openjdk-demo-debug.x86_64 1:1.8.0.141-1.b16.el7_3 will be instal
led
---> Package java-1.8.0-openjdk-devel.x86_64 1:1.8.0.141-1.b16.el7_3 will be installed
--> Processing Dependency: chkconfig >= 1.7 for package: 1:java-1.8.0-openjdk-devel-1.8.
0.141-1.b16.el7_3.x86_64
--> Processing Dependency: chkconfig >= 1.7 for package: 1:java-1.8.0-openjdk-devel-1.8.
0.141-1.b16.el7_3.x86_64
```

图 1-3-6
安装 OpenJDK

安装好后输入 javac-version 命令，得到版本信息反馈，如图 1-3-7 所示。

```
[root@VM_6_18_centos local]# javac -version
javac 1.8.0 141
```

图 1-3-7
版本信息反馈

配置环境变量（添加 JAVA_HOME 到 .bash_profile）。

echo export JAVA_HOME=/usr/lib/jvm/java-1.8.0-openjdk>>/root/.bash_profile
source /root/.bash_profile

安装 Tomcat，下载 tomcat 到 /usr/local 并解压。

cd /usr/local
wget http://mirrors.tuna.tsinghua.edu.cn/apache/tomcat/tomcat-9/v9.0.7/bin/apache-tomcat-9.0.7.tar.gz
tar -xzvf apache-tomcat-9.0.7.tar.gz

此时将会有一个目录 apache-tomcat-9.0.7 出现在目录 /usr/local 中。

注意 〉〉〉〉〉〉》

最新版本地址请到 Tomcat 官网 http://tomcat.apache.org/ 查询。

解压完 Tomcat 就可以使用了，进入 tomcat→bin 目录，如图 1-3-8 所示。

cd apache-tomcat-9.0.7/bin

```
[root@localhost apache-tomcat-9.0.7]# ll
total 104
drwxr-x----. 2 root root  4096 May  4 01:05 bin
drwx------.  3 root root  4096 May  4 01:10 conf
drwxr-x----. 2 root root  4096 May  4 01:05 lib
-rw-r------. 1 root root 57092 Apr  3 12:56 LICENSE
drwxr-x----. 2 root root  4096 May  6 20:07 logs
-rw-r------. 1 root root  1804 Apr  3 12:56 NOTICE
-rw-r------. 1 root root  6851 Apr  3 12:56 RELEASE-NOTES
-rw-r------. 1 root root 16246 Apr  3 12:56 RUNNING.txt
drwxr-x----. 2 root root    29 May  4 01:05 temp
drwxr-x----. 8 root root  4096 May  4 01:19 webapps
drwxr-x----. 3 root root    21 May  4 01:10 work
[root@localhost apache-tomcat-9.0.7]#
```

图 1-3-8
bin 目录

进入该目录，然后执行 sh　startup.sh 命令，如图 1-3-9 所示。

```
[root@localhost bin]# sh startup.sh
Using CATALINA_BASE:   /usr/local/apache-tomcat-9.0.7
Using CATALINA_HOME:   /usr/local/apache-tomcat-9.0.7
Using CATALINA_TMPDIR: /usr/local/apache-tomcat-9.0.7/temp
Using JRE_HOME:        /usr/lib/jvm/java-1.8.0-openjdk
Using CLASSPATH:       /usr/local/apache-tomcat-9.0.7/bin/bootstrap.jar:/usr/local/apache-tomcat-9
.7/bin/tomcat-juli.jar
Tomcat started.
[root@localhost bin]#
```

图 1-3-9
执行 sh　startup.sh
命令

浏览器访问<你的服务器 IP>:8080，显示如图 1-3-10 所示的界面，则说明 Tomcat 配置成功。

注意 〉〉〉〉〉〉》

CentOS 默认是有防火墙的，需要关闭防火墙才能正常访问。参考如下：

systemctl status firewalld.service　　　　　　　　#查看 firewall 运行状态

systemctl stop firewalld.service　　　　　　　　　#停止 firewall

systemctl start firewalld.service　　　　　　　　 #打开 firewall

systemctl disable firewalld.service　　　　　　　 #禁止 firewall 开机启动

2. 部署云数据库

① 在腾讯云平台，选择云数据库 PostgreSQL 产品购买，按最低配置购买即可，如图 1-3-11 所示，然后进入管理页面初始化并设置账号密码。

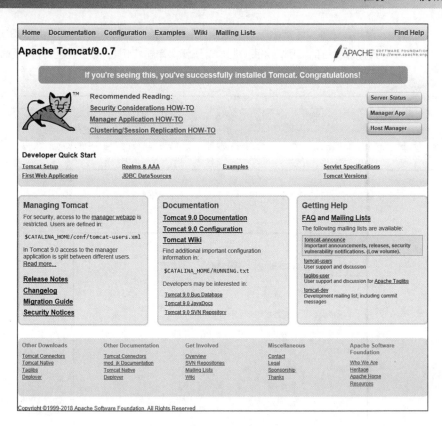

图 1-3-10
Tomcat 匹配成功显示

图 1-3-11
选购云数据库 PostgreSQL 产品

　　在腾讯云控制台选择"云产品"→"数据库"→"关系型数据库"→"PostgreSQL"选项，进入全景直播项目的实例，如图 1-3-12 所示。单击实例名，进入实例详情页面，如图 1-3-13 所示。

图 1-3-12
全景直播项目实例

图 1-3-13
全景直播实例详情

　　② 部署对象存储 COS 与关联万象优图。

　　在腾讯云控制台选择"云产品"→"存储"→"对象存储"选项，进入云对象存储 v4 管理页面，如图 1-3-14 所示。在 Bucket 列表中单击" + 创建 Bucket"按钮创建 Bucket，这相当于一个对象存储的仓库。在弹出的对话框中输入名称，选择地域，然后设置"访问权限"为"公有读私有写"，最后单击"确定"按钮，如图 1-3-1:所示。

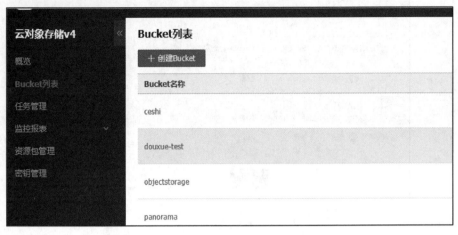

图 1-3-14
云对象存储 v4 管理页面

创建Bucket

所属项目	**默认项目**
* 名称	仅支持小写字母、数字和 - 的组合，不能超过40字符。
地域	上海(华东)
	请根据您的业务就近存储，以提高访问速度。请注意，Bucket创建后不能修改所属地域，详见 地域说明
访问权限	○ 私有读写　　◉ 公有读私有写
	公有读私有写：可对object进行匿名读操作，写操作需要进行身份验证。
CDN加速	○ 开启　　◉ 关闭
	开通腾讯云 CDN 来加速您访问。　CDN 免费额度

确定　　取消

图 1-3-15
创建 Bucket

　　在腾讯云控制台选择"云产品"→"数据处理"→"万象优图"选项，进入优图管理页面，在 Bucket 管理中单击"绑定 Bucket"按钮，将创建的 Bucket 关联到优图。在弹出的对话框中选择绑定已有 COS Bucket，输入名称并选择开启 CDN 加速，如图 1-3-16 所示。

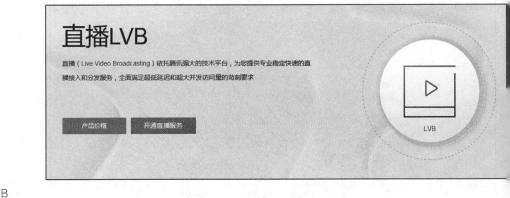

图 1-3-16
绑定 Bucket

3. 直播 LVB

在腾讯云页面中选择"产品"→"视频服务"→"直播"选项,申请开通腾讯云平台的直播 LVB 产品,如图 1-3-17 所示。

图 1-3-17
购买直播 LVB

申请开通直播服务后,选择"视频直播"→"接入管理"→"直播码接入(推荐)"选项,在打开的页面中,单击"接入配置"标签可以看到有关信息,如"推流防盗链 Key"和"API 鉴权 Key"。这里可自行配置"回调 URL",如图 1-3-18 所示。

图 1-3-18
接入配置相关信息

后期开发会用到这里的一些数据，为了方便，这里可以提前保存。当然，后期用到也可以再参考。需要保存的数据如下。

- CVM 云服务器的 IP 地址。
- CDB 的数据库地址、账号的用户名和密码。
- COS 对象存储的 APP_ID（位于账号的个人信息处）、Bucket 列表、SECRETE_ID 和 SECRET_KEY 值（位于云 API 密钥管理处）。
- 直播 LVB 的推流防盗链 Key、API 鉴权 Key、回调 URL、appid、bizid。

 ## 项目总结

本项目讲解了 SDK、JDK 和腾讯云的基础知识和作用，重点阐述如何配置开发环境，及验证配置是否完善。读者可以在实践中加深理解，在理解中完善实践。

 ## 项目实训

【实训题目】

完成环境配置并导入一个 Android 工程。

【实训目的】

熟练掌握 Android Studio 的配置并学会使用 Android Studio。

项目2

列表

学习目标

本项目主要完成以下学习目标:

- 掌握 SpringMVC 框架的搭建部署以及相关文件的配置。

- 掌握 Hibernate 工作原理以及相关文件的配置。

- 熟练使用 retrofit 网络框架。

- 熟练使用 glide 显示网络图片。

- 熟练使用 SwipeMenuListView 实现上拉加载、下拉刷新。

项目描述

客户端调用服务器端实现获取房源列表接口，展示房源列表信息。用户可通过下拉列表，实现对列表数据的刷新，也可通过上拉列表，实现对列表更多数据的加载。

实现效果如图 1-1-3 所示。

任务 2.1 服务器端实现

任务 2.1
服务器端实现

微课 2.1
服务器端实现

任务目标

- 实现 SpringMVC+Spring+Hibernate 框架整合。
- 实现数据库交互，得到房源信息。
- 连接云端数据库，插入模拟数据。

知识准备

1. Java 注解和反射机制

（1）Java 反射

Java 反射主要是指程序可以访问、检测和修改它本身状态或行为的一种能力，并能根据自身行为的状态和结果，调整或修改应用所描述行为的状态和相关的语义。

（2）反射机制

反射机制就是在运行状态中，对于任意一个类，都能够知道这个类的所有属性和方法；对于任意一个对象，都能够调用它的任意一个方法和属性；这种动态获取的信息以及动态调用对象的方法的功能，称为 Java 语言的反射机制。

用一句话总结，就是反射可以实现在运行时可以知道任意一个类的属性和方法。

（3）反射机制的功能

- 在运行时判断任意一个对象所属的类。
- 在运行时构造任意一个类的对象。
- 在运行时判断任意一个类所具有的成员变量和方法。
- 在运行时调用任意一个对象的方法。
- 生成动态代理。

（4）Java 反射机制的应用场景

- 逆向代码，如反编译。
- 与注解相结合的框架，如 Retrofit。
- 单纯的反射机制应用框架，如 EventBus。
- 动态生成类框架，如 Gson。

（5）反射机制的优点与缺点

使用反射机制而不使用直接创建对象的方法是其中涉及动态与静态的概念。

- 静态编译：在编译时确定类型、绑定对象，即通过。
- 动态编译：运行时确定类型、绑定对象。动态编译最大限度发挥了 Java 的灵活性，体现了多态的应用，降低了类之间的藕合性。

① 优点。

它可以实现动态创建对象和编译，体现出很大的灵活性，特别是在 J2EE 的开发中其灵活性就表现得十分明显。例如，一个大型的软件，不可能一次就把它设计得很完美，在这个程序编译后发布后，当发现需要更新某些功能时，不可能要用户把以前的软件卸载，再重新安装新的版本。采用静态编译，需要把整个程序重新编译一次才可以实现功能的更新，而采用反射机制就可以不用卸载，只需要在运行时才动态地创建和编译，就可以实现该功能。

② 缺点。

对性能有影响。使用反射机制基本上是一种解释操作。它可以告诉 JVM，期望 JVM 做什么并且满足用户的要求。这类操作总是慢于只直接执行相同的操作。

（6）Java 注解

① 概念。

- 注解即元数据，就是源代码的元数据。
- 注解在代码中添加信息，提供了一种形式化的方法，可以在后续中更方便地使用这些数据。
- Annotation 是一种应用于类、方法、参数、变量、构造器及包声明中的特殊修饰符。它是一种以 JSR-175 标准选用来描述元数据的工具。

② 作用。

- 生成文档。
- 跟踪代码依赖性，实现替代配置文件功能，减少配置，如 Spring 中的一些注解。
- 在编译时进行格式检查，如@Override 等。
- 每当创建描述性质的类或者接口时，一旦其中包含重复性的工作，就可以考虑使用注解来简化与自动化该过程。

③ Java 注解示例。

在 Java 语法中，使用@符号作为开头，并在@后面紧跟注解名，被运用于类、接口、方法和字段之上，例如：

```
    @Override
void myMethod() {
......
}
```

其中@Override 就是注解。该注解的作用就是告诉编译器，myMethod()方法覆写了父类中的 myMethod()方法。

2．Spring

Spring 是一个开源框架，它由 RodJohnson 创建，是为解决企业应用开发的复杂性而创建的。Spring 使用基本的 JavaBean 来完成以前只可能由 EJB 完成的事情。然而，Spring

的用途不仅限于服务器端的开发。从简单性、可测试性和松耦合的角度而言，任何 Java 应用都可以从 Spring 中受益。

实际上，Spring 是一个轻量级的控制反转（IoC）和面向切面（AOP）的容器框架。Spring 框架的特点如下。

- 轻量：从大小与开销两方面而言 Spring 都是轻量的。完整的 Spring 框架可以在一个大小只有 1 MB 多的 JAR 文件里发布。并且 Spring 所需的处理开销也是微不足道的。此外，Spring 是非侵入式的。典型地，Spring 应用中的对象不依赖于 Spring 的特定类。

- 控制反转：Spring 通过一种称作控制反转（IoC）的技术促进了松耦合。当应用了 IoC，一个对象依赖的其他对象会通过被动的方式传递进来，而不是这个对象自己创建或者查找依赖对象。可以认为 IoC 与 JNDI 相反不是对象从容器中查找依赖，而是容器在对象初始化时不等对象请求就主动将依赖传递给它。

- 面向切面：Spring 提供了面向切面编程的丰富支持，允许通过分离应用的业务逻辑与系统级服务（如审计和事务管理）进行内聚性的开发。应用对象只实现它们应该做的"完成业务逻辑"仅此而已。它们并不负责（甚至是意识）其他的系统级关注点，如日志或事务支持。

- 容器：Spring 包含并管理应用对象的配置和生命周期，在这个意义上它是一种容器，开发者可以配置每个 Bean 如何被创建以及它们是如何相互关联的。然而，Spring 不应该被混同于传统的重量级的 EJB 容器，它们经常是庞大与笨重的，难以使用。

- 框架：Spring 可以将简单的组件配置、组合成复杂的应用。在 Spring 中，应用对象被声明式地组合，典型地是在一个 XML 文件里。Spring 也提供了很多基础功能（如事务管理、持久化框架集成等），将应用逻辑的开发留给了开发者。

所有 Spring 的这些特征使开发者能够编写更干净、更可管理、并且更易于测试的代码。它们也为 Spring 中的各种模块提供了基础支持。

（1）Spring 包含的模块

Spring 框架由 7 个定义明确的模块组成，如图 2-1-1 所示。

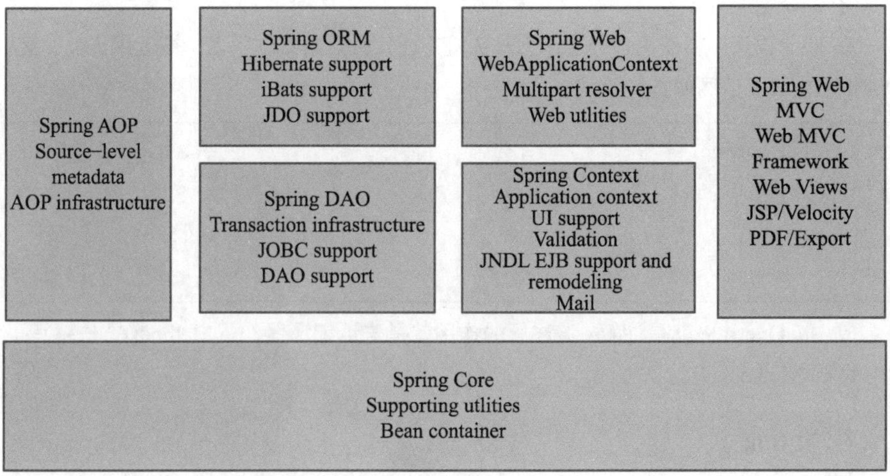

Spring AOP Source-level metadata AOP infrastructure	Spring ORM Hibernate support iBats support JDO support	Spring Web WebApplicationContext Multipart resolver Web utlities	Spring Web MVC Web MVC Framework Web Views JSP/Velocity PDF/Export
	Spring DAO Transaction infrastructure JOBC support DAO support	Spring Context Application context UI support Validation JNDL EJB support and remodeling Mail	
Spring Core Supporting utlities Bean container			

图 2-1-1
Spring 框架概览图

这些模块为开发者提供了开发企业应用所需的一切。但开发者不必将应用完全基于 Spring 框架，可以自由地挑选适合自己应用的模块而忽略其余的模块。所有的 Spring 模块都是在核心容器之上构建的。作为一名开发者，最可能对影响容器所提供服务的其他模块感兴趣。这些模块将会提供用于构建应用服务的框架，如 AOP 和持久性。

（2）核心容器

这是 Spring 框架最基础的部分，它提供了依赖注入（Dependency Injection）特征来实现容器对 Bean 的管理。这里最基本的概念是 BeanFactory，它是任何 Spring 应用的核心。BeanFactory 是工厂模式的一个实现，它使用 IoC 将应用配置和依赖说明从实际的应用代码中分离出来。

（3）应用上下文（Context）模块

核心模块的 BeanFactory 使 Spring 成为一个容器，而上下文模块使它成为一个框架。该模块扩展了 BeanFactory 的概念，增加了对国际化（I18N）消息、事件传播以及验证的支持。

另外，该模块提供了许多企业服务，如电子邮件、JNDI 访问、EJB 集成、远程以及时序调度（Scheduling）服务。也包括了对模版框架，如 Velocity 和 FreeMarker 集成的支持。

（4）Spring 的 AOP 模块

Spring 在它的 AOP 模块中提供了对面向切面编程的丰富支持。该模块是在 Spring 应用中实现切面编程的基础。为了确保 Spring 与其他 AOP 框架的互用性，Spring 的 AOP 支持基于 AOP 联盟定义的 API。AOP 联盟是一个开源项目，其目标是通过定义一组共同的接口和组件来促进 AOP 的使用以及不同的 AOP 实现之间的互用性。通过访问站点 http://aopalliance.sourceforge.net，可以找到关于 AOP 联盟的更多内容。

Spring 的 AOP 模块也将元数据编程引入了 Spring。使用 Spring 的元数据支持，可以为开发者的源代码增加注释，指示 Spring 在何处以及如何应用切面函数。

（5）JDBC 抽象和 DAO 模块

使用 JDBC 经常导致大量的重复代码，取得连接、创建语句、处理结果集，然后关闭连接。Spring 的 JDBC 和 DAO 模块抽取了这些重复代码，因此用户可以保持数据库访问代码干净简洁，并且可以防止因关闭数据库资源失败而引起的问题。

该模块还在几种数据库服务器给出的错误消息之上建立了一个有意义的异常层，使开发者不用再试图破译神秘的私有的 SQL 错误消息。另外，这个模块还使用了 Spring 的 AOP 模块为 Spring 应用中的对象提供了事务管理服务。

（6）对象/关系映射集成模块

对那些更喜欢使用对象/关系映射工具而不是直接使用 JDBC 的用户，Spring 提供了 ORM 模块。Spring 并不试图实现它自己的 ORM 解决方案，而是为几种流行的 ORM 框架提供了集成方案，包括 Hibernate、JDO 和 iBATISSQL 映射。Spring 的事务管理支持这些 ORM 框架中的每一个，也包括 JDBC。

（7）Spring 的 Web 模块

Web 上下文模块建立于应用上下文模块之上，提供了一个适合于 Web 应用的上下文。另外，该模块还提供了一些面向服务支持。例如，实现文件上传的 multipart 请求，它也提供了 Spring 和其他 Web 框架的集成，如 Struts、WebWork。

（8）Spring 的 MVC 框架

Spring MVC 框架是一个开源的 Java 平台，为开发强大的基于 Java 的 Web 应用程序提供全面的基础架构，使支持非常容易且快速。

Spring Web MVC 框架提供了 MVC（模型—视图—控制器）架构和用于开发灵活和松散耦合的 Web 应用程序的组件。MVC 模式导致应用程序的不同方面（输入逻辑、业务逻辑和 UI 逻辑）分离，同时提供这些元素之间的松散耦合。

- 模型（Model）封装了应用程序数据，通常它们将由 POJO 类组成。
- 视图（View）负责渲染模型数据，一般来说它生成客户端浏览器可以解释 HTML 输出。
- 控制器（Controller）负责处理用户请求并构建适当的模型，并将其传递给视图进行渲染。

Spring Web MVC 框架是一个基于请求驱动的 Web 框架，并且也使用了前端控制器模式来进行设计，再根据请求映射规则分发给相应的页面控制器（动作/处理器）进行处理。首先从整体角度了解 Spring Web MVC 处理请求的流程。

如图 2-1-2 所示是 MVC 处理请求的流程图。

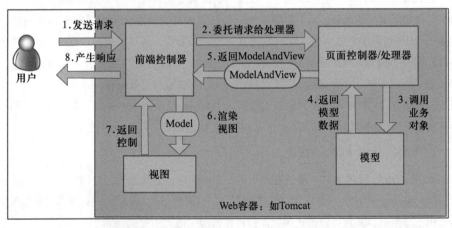

图 2-1-2
MVC 处理请求的流程图

具体执行步骤如下。

① 首先，用户发送请求至前端控制器，前端控制器根据请求信息（如 URL）来决定选择哪一个页面控制器进行处理并把请求委托给它，如图 2-1-2 所示中的步骤 1 和步骤 2。

② 页面控制器接收到请求后，进行功能处理，首先需要收集和绑定请求参数到一个对象（该对象在 Spring Web MVC 中被称为命令对象），并进行验证，然后将命令对象委托给业务对象进行处理。处理完毕后返回一个 ModelAndView（模型数据和逻辑视图名），如图 2-1-2 所示中的步骤 3～步骤 5。

③ 前端控制器收回控制权，然后根据返回的逻辑视图名，选择相应的视图进行渲染，并把模型数据传入以便视图渲染，如图 2-1-2 所示中的步骤 6 和步骤 7。

④ 前端控制器再次收回控制权，将响应返回给用户，如图 2-1-2 所示中的步骤 8。至此整个结束。

ModelAndView 代码示例如下：

```
public ModelAndView getModelAndView() {
      ModelAndView view = new ModelAndView();
view.addObject("path","/");
      view.setViewName("/main");
      return view;
```

（9）Spring 注解

注解，目前非常流行，很多主流框架都支持注解，编写代码时尽量地去使用注解，一是方便，二是代码更加简洁。Spring 框架里面也有很多注解，以下主要介绍项目中涉及的几类注解。

① @Controller。

用于标注控制层组件。在 SpringMVC 中，控制器 Controller 负责处理由 DispatcherServlet 分发的请求，它把用户请求的数据经过业务处理层处理之后封装成一个 Model，然后再把该 Model 返回给对应的 View 进行展示。对应表现层的 Bean，也就是 Action，例如：

```
@Controller
public class StorageController extends BaseController {}
```

② @Service。

用于标注业务层组件。对应的是业务层 Bean，例如：

```
@ Service
public class SwiftStorageService extends Storage {}
```

③ @Repository。

用于标注数据访问组件，即 DAO 组件。对应数据访问层 Bean，例如：

```
@ Repository
public class ShareDao extends BaseDao<ShareBean> {}
```

④ @Autowired。

自动装配，它可以对类成员变量、方法及构造函数进行标注，完成自动装配的工作。例如：

```
@Autowired
private ShareService shareService;
```

⑤ @RequestMapping。

一个用来处理请求地址映射的注解，可用于类或方法上。用于类上，表示类中的所有响应请求的方法都是以该地址作为父路径。例如：

```
@RequestMapping("/home")
public ModelAndView home(HttpServletRequest request, HttpServletResponse
response, String path){

}
```

参数绑定说明：如果使用http://localhost/home的 URL 请求，将会对应访问到 home 方法。

⑥ @ResponseBody。

它的作用是将返回类型直接输入到 HTTP response body 中。

⑦ @ResponseBody。

在输出 JSON 格式的数据时会用到。例如：

```
@RequestMapping("/login")
@ResponseBody
public Object login(HttpServletRequest request, HttpServletResponse response,
String username, String password){
    return new MessageBean(true,Constants.SUCCESS_1);
}
```

在用 Ajax 异步提交数据时，后台对接的方法需要加上@ResponseBody 注解。

3. Hibernate

Hibernate 是一个开放源代码的对象关系映射框架（ORM），它对 JDBC 进行了非常轻量级的对象封装，它将 POJO 与数据库表建立映射关系，是一个全自动的 ORM 框架，Hibernate 可以自动生成 SQL 语句，自动执行，使得 Java 程序员可以随心所欲地使用对象编程思维来操纵数据库。Hibernate 可以应用在任何使用 JDBC 的场合，既可以在 Java 的客户端程序使用，也可以在 Servlet/JSP 的 Web 应用中使用，最具革命意义的是，Hibernate 可以在应用 EJB 的J2EE架构中取代 CMP，完成数据持久化的重任。

使用 Hibernate，只需要设计简单的 Java 类和相关注解（annotation），框架就可以自动创建数据库。作为开发者完全不用关心数据库层面的问题，只需专注业务。

使用 Hibernate 做关系对象映射，有 XML 和注解两种配置方式，XML 方式配置繁琐而且很不直观，这里推荐使用注解方式进行配置。

（1）语言特点

● 将对数据库的操作转换为对 Java 对象的操作，从而简化开发。通过修改一个"持久化"对象的属性从而修改数据库表中对应的记录数据。

● 提供线程和进程两个级别的缓存提升应用程序性能。

● 有丰富的映射方式将 Java 对象之间的关系转换为数据库表之间的关系。

- 屏蔽不同数据库实现之间的差异。在 Hibernate 中只需要通过"方言"的形式指定当前使用的数据库,就可以根据底层数据库的实际情况生成适合的 SQL 语句。
- 非侵入式。Hibernate 不要求持久化类实现任何接口或继承任何类,POJO 即可。

(2)核心 API

Hibernate 的 API 一共有 6 个,分别为 Session、SessionFactory、Transaction、Query、Criteria 和 Configuration。通过这些接口,可以对持久化对象进行存取、事务控制。

① Session。

Session 接口负责执行被持久化对象的 CRUD 操作(CRUD 的任务是完成与数据库的交流,包含了很多常见的 SQL 语句)。但需要注意的是 Session 对象是非线程安全的。同时,Hibernate 的 Session 不同于 JSP 应用中的 HttpSession。这里当使用 Session 这个术语时,其实指的是 Hibernate 中的 Session,而以后会将 HttpSession 对象称为用户 Session。

② SessionFactory。

SessionFactory 接口负责初始化 Hibernate。它充当数据存储源的代理,并负责创建 Session 对象。这里用到了工厂模式。需要注意的是,SessionFactory 并不是轻量级的,一般情况下,一个项目通常只需要一个 SessionFactory 就够,当需要操作多个数据库时,可以为每个数据库指定一个 SessionFactory。

③ Transaction。

Transaction 接口是一个可选的 API,可以选择不使用这个接口,取而代之的是 Hibernate 的设计者自己写的底层事务处理代码。Transaction 接口是对实际事务实现的一个抽象,这些实现包括 JDBC 的事务、JTA 中的 UserTransaction、甚至可以是 CORBA 事务。之所以这样设计是让开发者能够使用一个统一事务的操作界面,使得自己的项目可以在不同的环境和容器之间方便地移植。

④ Query。

Query 接口让用户方便地对数据库及持久对象进行查询,它有两种表达方式,HQL 语言或本地数据库的 SQL 语句。Query 经常被用来绑定查询参数、限制查询记录数量,并最终执行查询操作。

⑤ Criteria。

Criteria 接口与 Query 接口非常类似,允许创建并执行面向对象的标准化查询。值得注意的是 Criteria 接口也是轻量级的,它不能在 Session 之外使用。

⑥ Configuration。

Configuration 类的作用是对 Hibernate 进行配置,以及对它进行启动。在 Hibernate 的启动过程中,Configuration 类的实例首先定位映射文档的位置,读取这些配置,然后创建一个 SessionFactory 对象。虽然 Configuration 类在整个 Hibernate 项目中只扮演着一个很小的角色,但它是启动 Hibernate 时所遇到的第一个对象。

(3)对象模型

Hibernate 入门有一定门槛,需要理解对象模型。详细内容需读者自行学习,这里只作简要介绍,见表 2-1-1。

表 2-1-1　对象模型

对象模型	作用
@Entity	标注此类为 Hibernate 管理
@Table	标注此类映射到数据后对应表的名称
@Column	标注此属性为数据库字段，可传入参数设定对应数据库中的字段名，默认为 Java 变量名
@Id	标志此属性为主键
@ManyToOne	标注本类和此属性为多对一关系
@OneToMany	标注本类和此属性为一对多关系
@ManyToMany	标注本类和此属性为多对多关系
@OneToOne	标注本类和此属性为一对一关系
@Temporal	标注时间类型（因 java.util.Date 对应数据库中 timestamp、date、time 多种数据结构，因此时间类型需要具体指定）
@GeneratedValue	标注自动生成值（如自增字段）

（4）JSON

JSON（JavaScript Object Notation，JS 对象简谱）是一种轻量级的数据交换格式。它是基于 ECMAScript（欧洲计算机协会制定的 JS 规范）的一个子集，采用完全独立于编程语言的文本格式来存储和表示数据。简洁和清晰的层次结构使得 JSON 成为理想的数据交换语言。易于用户阅读和编写，同时也易于机器解析和生成，并有效地提升网络传输效率。

JSON 语法规则：在 JS 语言中，一切都是对象。因此，任何支持的类型都可以通过 JSON 来表示，如字符串、数字、对象、数组等。但对象和数组是比较特殊且常用的两种类型。JSON 语法规则包括对象表示为键值对、数据由逗号分隔、花括号保存对象和方括号保存数组。

JSON 键值对是用来保存 JS 对象的一种方式，和 JS 对象的写法也大同小异，键值对组合中的键名写在前面并用双引号 "" 包裹，使用冒号:分隔，然后紧接着值。例如：

```
{"firstName": "Json"}
```

 任务实施

（1）新建工程

新建 Maven 工程，工程名为 houses。工程结构如图 2-1-3 所示。

 注意 》》》》》》

Artifactid 值为工程名，Groupid 值可为任意值。

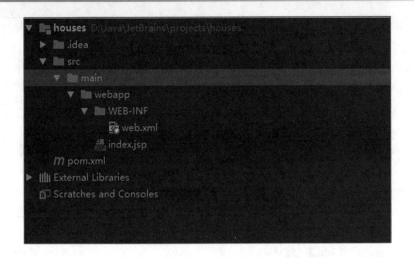

图 2-1-3
工程结构

（2）导入相关 JAR 包

因为首先要创建实体类，并且利用 Hibernate 来实现和数据库相连，然后根据 SpringMVC 来进行对数据库的一系列操作，所以需要导入 SpringMVC、Hibernate 以及数据库 PostgreSQL 等相关 JAR 包。打开 Pom.xml 文件，在<dependencies>中间添加如下代码。

```
    <dependency>
<groupId>javax.servlet</groupId>
<artifactId>servlet-api</artifactId>
<version>2.5</version>
</dependency>

<dependency>
<groupId>postgresql</groupId>
<artifactId>postgresql</artifactId>
<version>9.1-901-1.jdbc4</version>
</dependency>

<dependency>
<groupId>org.springframework</groupId>
<artifactId>spring-context</artifactId>
<version>4.3.7.RELEASE</version>
</dependency>

<dependency>
<groupId>org.springframework</groupId>
<artifactId>spring-core</artifactId>
<version>4.3.7.RELEASE</version>
```

```
    </dependency>

    <dependency>
    <groupId>org.springframework</groupId>
    <artifactId>spring-beans</artifactId>
    <version>4.3.7.RELEASE</version>
    </dependency>

    <dependency>
    <groupId>org.springframework</groupId>
    <artifactId>spring-web</artifactId>
    <version>4.3.7.RELEASE</version>
    </dependency>

    <dependency>
    <groupId>org.springframework</groupId>
    <artifactId>spring-webmvc</artifactId>
    <version>4.3.7.RELEASE</version>
    </dependency>

    <dependency>
    <groupId>org.springframework</groupId>
    <artifactId>spring-aop</artifactId>
    <version>4.3.7.RELEASE</version>
    </dependency>

    <dependency>
    <groupId>org.springframework</groupId>
    <artifactId>spring-test</artifactId>
    <version>4.3.7.RELEASE</version>
    </dependency>

    <dependency>
    <groupId>org.springframework</groupId>
    <artifactId>spring-expression</artifactId>
    <version>4.3.7.RELEASE</version>
    </dependency>

    <dependency>
    <groupId>org.springframework</groupId>
    <artifactId>spring-jdbc</artifactId>
```

```xml
<version>4.3.7.RELEASE</version>
</dependency>

<dependency>
<groupId>org.springframework</groupId>
<artifactId>spring-tx</artifactId>
<version>4.3.7.RELEASE</version>
</dependency>

<dependency>
<groupId>org.springframework</groupId>
<artifactId>spring-aspects</artifactId>
<version>4.3.7.RELEASE</version>
</dependency>


<dependency>
<groupId>javax.transaction</groupId>
<artifactId>jta</artifactId>
<version>1.1</version>
</dependency>

<dependency>
<groupId>org.springframework</groupId>
<artifactId>spring-orm</artifactId>
<version>4.3.9.RELEASE</version>
</dependency>

<dependency>
<groupId>org.hibernate</groupId>
<artifactId>hibernate-core</artifactId>
<version>5.2.10.Final</version>
</dependency>
```

（3）新增 Admin 和 House 实体类

首页展示，主要是房源信息的展示，而房子的信息是管理员添加的，所以针对房子
House）和管理员（Admin）进行一个数据的设计。

① House 设计如下。

houseid—房源编号。

addtime—创建时间。

contact—联系电话。

coverpictureuri—封面图片 uri。

introduction—详细描述。

location—地址。

panormavideouri—全景图 uri。

price—单价。

size—面积。

title—小区名。

admin_user_id—管理员 ID。

pullurl—推流地址。

pushurl—拉流地址。

② Admin 设计如下。

user_id—管理员 ID。

password—登录密码。

至此，首先建立实体类 Admin，因为 House 里面的 admin_user_id 就是 Admin 实体类里面的 user_id。在 src/main/下新建一个 java 目录，再创建包 entity，专门用来放 Hibernate 管理的对象，然后新建 Admin.java，如图 2-1-4 所示。

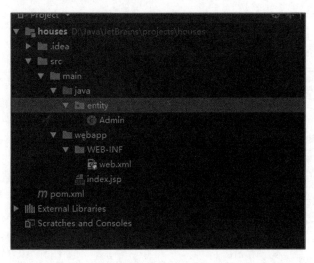

图 2-1-4
java 目录结构

Admin.java 声明管理员的信息，然后依照 Hibernate 来进行注解，建立起 Java 类和数据库之间的联系。

```java
package entity;

import javax.persistence.*;

@Entity
@Table(name = "admin")
public class Admin {
    @Id
```

```java
    @Column(name = "user_id")
    private String userID;

    @Column(nullable = false)
    private String password;

    public String getUserID() {
        return userID;
    }

    public void setUserID(String userID) {
        this.userID = userID;
    }

    public String getPassword() {
        return password;
    }

    public void setPassword(String password) {
        this.password = password;
    }

}
```

然后，在 entiy 包下新建 House.java，并根据 House 的信息来创建类，并进行响应的注解。

```java
    package entity;
import org.hibernate.annotations.CreationTimestamp;

import javax.persistence.*;
import java.util.Date;

@Entity
@Table(name = "house")
public class House {

    @Id
    @GeneratedValue(strategy = GenerationType.AUTO)
    private Integer houseID;
    @Column(nullable = false)
    private String title;
```

```
    @Column
    private String location;
    @Column
    private String price;
    @Column
    private String size;
    @Column
    private String contact;
    @Column
    private String introduction;
    @Column
    private String panoramaVideoURI;
    @Column
    private String coverPictureURI;
    @ManyToOne(cascade = CascadeType.REMOVE)
    private Admin admin;
    @CreationTimestamp
    @Column(updatable = false)
    @Temporal(TemporalType.TIMESTAMP)
    private Date addTime;
    @Column
    private String pushUrl;
    @Column
    private String pullUrl;

    public House() {
    }

    public House(Integer houseID, String title, String location, String price, String size,
String contact, String coverPictureURI,String pushUrl,String pullUrl) {
        this.houseID = houseID;
        this.title = title;
        this.location = location;
        this.price = price;
        this.size = size;
        this.contact = contact;
        this.coverPictureURI = coverPictureURI;
        this.pushUrl = pushUrl;
        this.pullUrl = pullUrl;
    }
```

```java
public Integer getHouseID() {
    return houseID;
}

public House setHouseID(Integer houseID) {
    this.houseID = houseID;

    return this;
}

public String getTitle() {
    return title;
}

public House setTitle(String title) {
    this.title = title;
    return this;
}

public String getLocation() {
    return location;
}

public House setLocation(String location) {
    this.location = location;
    return this;
}

public String getPrice() {
    return price;
}

public House setPrice(String price) {
    this.price = price;
    return this;
}

public String getSize() {
    return size;
}
```

```java
public House setSize(String size) {
    this.size = size;
    return this;
}

public String getContact() {
    return contact;
}

public House setContact(String contact) {
    this.contact = contact;
    return this;
}

public String getIntroduction() {
    return introduction;
}

public House setIntroduction(String introduction) {
    this.introduction = introduction;
    return this;
}

public String getPanoramaVideoURI() {
    return panoramaVideoURI;
}

public House setPanoramaVideoURI(String panoramaVideoURI) {
    this.panoramaVideoURI = panoramaVideoURI;
    return this;
}

public String getCoverPictureURI() {
    return coverPictureURI;
}

public House setCoverPictureURI(String coverPicture) {
    this.coverPictureURI = coverPicture;
    return this;
}

public Admin getAdmin() {
    return admin;
```

```
    }

    public House setAdmin(Admin admin) {
      this.admin = admin;
      return this;
    }

    public Date getAddTime() {
      return addTime;
    }

    public House setAddTime(Date addTime) {
      this.addTime = addTime;
      return this;
    }

    public String getPushUrl() {
      return pushUrl;
    }

    public void setPushUrl(String pushUrl) {
      this.pushUrl = pushUrl;
    }

    public String getPullUrl() {
      return pullUrl;
    }

    public void setPullUrl(String pullUrl) {
      this.pullUrl = pullUrl;
    }
}
```

　　同时，每个管理员可以对应多套房源的信息，因此，在 Admin 类中，还需要定义一个有关房子的属性，在 Admin.java 下加入如下代码。

```
    @OneToMany(cascade = CascadeType.REMOVE)
private List<House> createdHouses;

    public List<House> getCreatedHouses() {
    return createdHouses;
  }

public void setCreatedHouses(List<House> createdHouses) {
    this.createdHouses = createdHouses;
  }
```

（4）搭建 SpringMVC 框架

1）在 web.xml 中添加 Spring 相关配置

打开 src\main\webapp\WEB-INF 下的 web.xml 文件，进行编辑，在<web-app>下添加如下代码。

```
    <context-param>
<param-name>contextConfigLocation</param-name>
<param-value>/WEB-INF/applicationContext.xml</param-value>
</context-param>
```

该配置是用来指定 Spring 配置文件的所在位置。

```
<servlet>
<servlet-name>spring-mvc</servlet-name>
<servlet-class>org.springframework.web.servlet.DispatcherServlet</servlet-class>
  <init-param>
  <param-name>contextConfigLocation</param-name>
  <param-value>/WEB-INF/spring-mvc-serlvet.xml</param-value>
  </init-param>
<load-on-startup>1</load-on-startup>
</servlet>
<servlet-mapping>
<servlet-name>spring-mvc</servlet-name>
<url-pattern>/</url-pattern>
</servlet-mapping>
```

配置当前 servlet 映射，这里表示接收所有用户请求，以及指定 SpringMVC 配置文件。

```
    <listener>
<listener-class>org.springframework.web.context.ContextLoaderListener</listener-class>
</listener>
```

以上语句用来对 Spring 容器进行初始化，作为监听器。

```
    <filter>
<filter-name>hibernateFilter</filter-name>
<filter-class>org.springframework.orm.hibernate5.support.OpenSessionInViewFilter
</filter-class>
</filter>
<filter-mapping>
<filter-name>hibernateFilter</filter-name>
<url-pattern>/*</url-pattern>
</filter-mapping>
```

以上是 Spring 封装 Hibernate 后提供的一个过滤器，该过滤器的作用是在匹配每次请求时打开一个 Session，然后每次请求结束后关闭 Session，解析 Hiberate 延迟加载产生的异常。

 **注意**))))))》》

部分配置好 web.xml 会有报错，是因为没有定义 XML 书写时需要遵循的语法。

可以将 web-app 节点修改如下，并去掉 web-app 节点以上的内容。

```
<web-app xmlns:xsi="http://www.w3.org/2001/XMLSchema-instance"
xmlns="http://xmlns.jcp.org/xml/ns/javaee"
xsi:schemaLocation="http://xmlns.jcp.org/xml/ns/javaee http://xmlns.jcp.org/xml/ns/
javaee/web-app_3_1.xsd"
version="3.1">
```

2）加入 Spring 和 SpringMVC 配置文件

以上已经定义好了配置文件名为 applicationContext.xml 和 spring-mvc-serlvet.xml，并且放在 WEB-INF 目录下。所以在 WEB-INF 下需要新建两个 Spring Config 的 XML 文件，分别命名为 applicationContext 和 spring-mvc-serlvet，如图 2-1-5 所示。

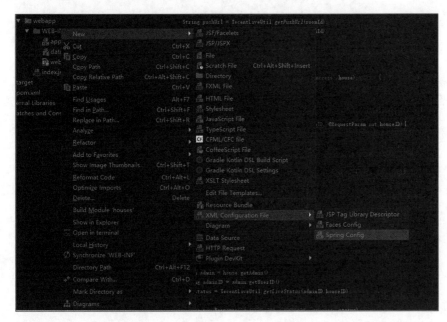

图 2-1-5
新建 XML 文件

编辑 applicationContext.xml 文件。
首先将<beans>头修改为：

```
<beans xmlns="http://www.springframework.org/schema/beans"
    xmlns:xsi="http://www.w3.org/2001/XMLSchema-instance" xmlns:mvc="http:
//www.springframework.org/schema/mvc"
    xmlns:context="http://www.springframework.org/schema/context" xmlns:tx="http:
//www.springframework.org/schema/tx"
```

```
            xsi:schemaLocation="http://www.springframework.org/schema/beans
http://www. springframework.org/schema/beans/spring-beans.xsd
http://www.springframework.org/schema/mvc
http://www.springframework.org/schema/mvc/spring-mvc.xsd
http://www.springframework.org/schema/context
http://www.springframework.org/schema/context/spring-context.xsd
http://www.springframework.org/schema/tx
http://www.springframework.org/schema/tx/spring-tx.xsd">
```

然后，在其标签内加入以下代码：

```
      <!--静态资源的访问 -->
<mvc:default-servlet-handler/>
<!-- 开启注解 -->
<mvc:annotation-driven>
</mvc:annotation-driven>


<!-- 自动扫描 package -->
<context:component-scan base-package="entity"/>
```

3）配置数据库相关

这里使用的数据库是腾讯云的 PostgreSQL。因此需要拿到相关的数据库地址以及账号密码。

在 applicationContext.xml 进行有关数据库的配置：

```
      <!--导入有关数据库的属性-->
<context:property-placeholder location="/WEB-INF/database.properties"/>
```

数据库的地址或者密码等配置，在 WEB-INF 下新增 database.properties，添加以下内容：

```
      jdbc.jdbcUrl=jdbc:postgresql://postgres-jlo2o5j8.sql.tencentcdb.com:47925/house
jdbc.driverClassName=org.postgresql.Driver
jdbc.userName=cetcwx
jdbc.password=*******
hibernate.dialect=org.hibernate.dialect.PostgreSQL95Dialect
hibernate.hbm2ddl.auto=update
hibernate.show_sql=true
hibernate.format_sql=true
```

修改响应的 jdbcUrl、userName、password 为各自配置。具体参见任务 1.3 腾讯云端环境搭建。

使用 C3P0 数据库连接池作为数据源：

```
      <!--c3p0-->
```

```xml
<!-- 使用 C3P0 数据库连接池作为数据源 -->
<bean id="dataSource" class="com.mchange.v2.c3p0.ComboPooledDataSource"
    destroy-method="close">
<property name="driverClass" value="${jdbc.driverClassName}"/>
<property name="jdbcUrl" value="${jdbc.jdbcUrl}"/>
<property name="user" value="${jdbc.userName}"/>
<property name="password" value="${jdbc.password}"/>
<property name="maxPoolSize" value="40"/>
<property name="minPoolSize" value="1"/>
<property name="initialPoolSize" value="1"/>
    <!-- 指定数据库连接池的连接的最大空闲时间 -->
<property name="maxIdleTime" value="20"/>
</bean>
```

C3P0 是一个开源的 JDBC 连接池，它实现了数据源和 JNDI 绑定，支持 JDBC3 规范和 JDBC2 的标准扩展。目前使用它的开源项目有 Hibernate、Spring 等。

需要导入 JAR 包，pom.xml 添加如下代码。

```xml
<dependency>
<groupId>c3p0</groupId>
<artifactId>c3p0</artifactId>
<version>0.9.1.2</version>
</dependency>
```

Spring 整合 Hibernate，进行数据库连接和事务的处理。

```xml
<bean id="sessionFactory"
    class="org.springframework.orm.hibernate5.LocalSessionFactoryBean">
<property name="dataSource" ref="dataSource"/>
<!--指定映射文件的包名-->
<property name="packagesToScan" value="entity"/>
<property name="hibernateProperties">
<props>
<prop key="hibernate.hbm2ddl.auto">${hibernate.hbm2ddl.auto}</prop>
<!--方言设置-->
<prop key="hibernate.dialect">${hibernate.dialect}</prop>
<!--控制台打印 sql-->
<prop key="hibernate.show_sql">${hibernate.show_sql}</prop>
<prop key="hibernate.format_sql">${hibernate.format_sql}</prop>
</props>
</property>
</bean>
<!-- 事务管理器 -->
```

```
<bean id="transactionManager"
    class="org.springframework.orm.hibernate5.HibernateTransactionManager">
<property name="sessionFactory" ref="sessionFactory"/>
</bean>

<tx:annotation-driven transaction-manager="transactionManager"/>

<bean id="transactionProxy"
    class="org.springframework.transaction.interceptor.TransactionProxyFactoryBean"
    abstract="true">
<!-- 为事务代理工厂 Bean 注入事务管理器 -->
<property name="transactionManager" ref="transactionManager"/>
<!-- 指定事务属性 -->
<property name="transactionAttributes">
<props>
<prop key="add*">PROPAGATION_REQUIRED,-Exception</prop>
<prop key="modify*">PROPAGATION_REQUIRED,-myException</prop>
<prop key="del*">PROPAGATION_REQUIRED</prop>
<prop key="*">PROPAGATION_REQUIRED</prop>
</props>
</property>
</bean>
```

（5）房源信息显示的具体实现

1）创建 HouseDao

在 src\main\java 下创建包 dao，专门用来存放数据库访问类（Data Access Object）。然后创建接口 HouseDao，如图 2-1-6 所示。

这里需要创建一个方法，其能够从数据库中根据起始 ID 和数目来获取存在的所有房源信息。

```
List<House>querySome(int lastID, int count);
```

2）创建 HouseDaoImpl

有了接口，就要创建对应的实现类，在 dao 包下再创建一个实现包 impl，紧接着在 impl 包下新建类 HouseDaoImpl，如图 2-1-7 所示。

图 2-1-6
创建接口 houseDao

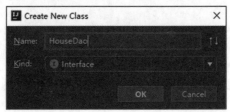

图 2-1-7
新建类 HouseDaoImpl

这个类实现 HouseDao，重写 querySome 方法，具体交互要用到 Hibernate 中的 Sessionfactory.getCurrentSession，完整代码如下。

```java
package dao.impl;

import dao.HouseDao;
import entity.House;
import org.hibernate.Session;
import org.hibernate.SessionFactory;
import org.springframework.beans.factory.annotation.Autowired;

import java.util.List;
@Transactional
@Repository
    public class HouseDaoImpl implements HouseDao {
    private final SessionFactory sessionFactory;

    @Autowired
    public HouseDaoImpl(SessionFactory sessionFactory) {
        this.sessionFactory = sessionFactory;
    }

    @Override
    public List<House> querySome(int lastID, int count) {
        String hql = "select new House(houseID,title,location,price,h.size,contact,
coverPictureURI,pushUrl,pullUrl) " +
            "from House h where h.houseID > ? order by h.houseID";
        Session session = sessionFactory.getCurrentSession();
        return session.createQuery(hql, House.class)
            .setParameter(0, lastID)
            .setMaxResults(count)
            .list();
    }
}
```

3）创建 HousenfoController

有了和数据库对应的实现类，接下来要创建控制器，给前台提供接口来处理对应的前台请求，并返回所需要的数据。

此处要用 JSON，在 pom.xml 中添加对 JSON 的依赖。

```xml
<dependency>
```

```
<groupId>com.fasterxml.jackson.core</groupId>
<artifactId>jackson-databind</artifactId>
<version>2.6.3</version>
</dependency>
<dependency>
<groupId>com.fasterxml.jackson.core</groupId>
<artifactId>jackson-core</artifactId>
<version>2.6.3</version>
</dependency>
<dependency>
<groupId>com.fasterxml.jackson.core</groupId>
<artifactId>jackson-annotations</artifactId>
<version>2.6.3</version>
</dependency>
```

统一返回数据：在 java 目录下新建包 dto，用来处理设置和前端交换的数据结构（Data Transfer Object），并新建 Response 类，如图 2-1-8 所示。

图 2-1-8
新建 Response 类

在 Response 类中定义交互之后数据的返回类型。

```
package dto;

import com.fasterxml.jackson.annotation.JsonInclude;

@JsonInclude(JsonInclude.Include.NON_NULL)
public class Response<T> {
    private int code;
    private String message;
    private T data;

    public Response(int code, String message, T data) {
        this.code = code;
        this.message = message;
        this.data = data;
    }

    public Response() {
```

```
    }

    public static Response success() {
        return new Response<>(200, "success", null);
    }

    public static Response error(String message) { return new Response<>(500, message,
null); }

    public int getCode() {
        return code;
    }

    public void setCode(int code) {
        this.code = code;
    }

    public String getMessage() {
        return message;
    }

    public void setMessage(String message) {
        this.message = message;
    }

    public T getData() {
        return data;
    }

    public void setData(T data) {
        this.data = data;
    }
}
```

注意 ››››››››

@JsonInclude(JsonInclude.Include.NON_NULL)为 null 的字段不显示。

　　得到数据统一了，还有一种情况也要考虑到，那就是异常，需要对异常进行一个统一的处理。在 java 目录下新建包 controller，这个包用来存放控制器类。新建类 JsonPageController。

```
package controller;
```

```
                    import dto.Response;
                    import org.springframework.web.bind.annotation.ExceptionHandler;
                    import org.springframework.web.bind.annotation.RestController;

                    @RestController
                    public abstract class JsonPageController {
                      @ExceptionHandler
                      public Response handleAndReturnData(Exception ex) {
                        return Response.error("Operation failed!  :  " + ex.toString().replace("'", "`"));
                      }
                    }
```

　　然后让其他 conteoller 类来继承它，这样，出现异常就会进行一个统一的输出。
　　现在需要新建 HousesInfoController 类，来提供前台一个查询房源信息的接口，以实现首页的显示。

```
        package controller;

        import dao.HouseDao;
        import dto.Response;
        import org.springframework.beans.factory.annotation.Autowired;
        import org.springframework.web.bind.annotation.RequestMapping;
        import org.springframework.web.bind.annotation.RequestParam;
        import org.springframework.web.bind.annotation.RestController;

        @RestController
        @RequestMapping(value = "/houses", produces = "application/json; charset=utf-8")
        public class HousesInfoController extends JsonPageController {
          private final HouseDao houseDao;

          @Autowired
          public HousesInfoController(HouseDao houseDao) {
            this.houseDao = houseDao;
          }

          @RequestMapping(value = "/some")
          public Response querySome(@RequestParam int lastID, @RequestParam int count) {
            return new Response<>(200, null, houseDao.querySome(lastID, count));
          }
        }
```

最后新建的两个包 dao 和 controller，需要在 Spring 配置文件 applicationContext.xml
中添加为自动扫描。

```
<context:component-scan base-package="controller"/>
<context:component-scan base-package="dao"/>
```

（6）连接数据库，新建一个数据库 house

按 Win+R 组合键，打开"运行"对话框，在其文本框中输入"cmd"，单击"确定"
按钮，在弹出的窗口中输入命令行：

```
psql -h IP 地址  -p 端口 -U 用户
```

连接上 postgreSQL 之后，创建数据库 house，如图 2-1-9 所示表示已经创建成功了。

```
CREATE DATABASE house;
```

图 2-1-9
创建数据库 house 成功

推荐使用 pdAdmin 工具来进行 PostgreSQL 的连接和管理。

（7）启动服务器

在开发阶段，不需要打包上传到云服务器进行部署。只需要本地使用之前配置好的
Tomcat 启动本地服务器。

运行之前，首先创建一个首页，这样启动服务时就能够知道服务器是否正常开启。

在 webapp 下新建一个 index.html，代码如下：

```html
<!DOCTYPE html>
<html lang="en">
<head>
<meta charset="UTF-8">
<title>首页</title>
</head>
<body>
服务器正在运行....
</body>
</html>
```

其次选择"Run"→"Edit Configurations"菜单命令，如图 2-1-10 所示。

在打开的对话框中，将 Name 修改为 local tomcat，选择之前配置的 Tomcat Server→
local tomcat，单击 Deployment 标签，单击"+"按钮，在弹出的下拉列表中选择"Artifact"
选项，如图 2-1-11 所示。

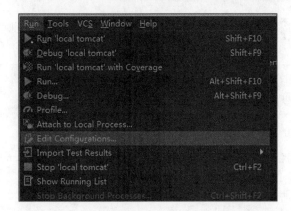

图 2-1-10
Edit Configurations
菜单命令

图 2-1-11
Artifact 命令

　　　在打开的对话框中选择项目 house:war，如图 2-1-12 所示。然后单击"OK"按钮，在之前对话框的 Deployment 标签下会出现 house:war 项目，如图 2-1-13 所示。此时将 Application　context 修改为项目名开头/houses，单击"OK"按钮确认。

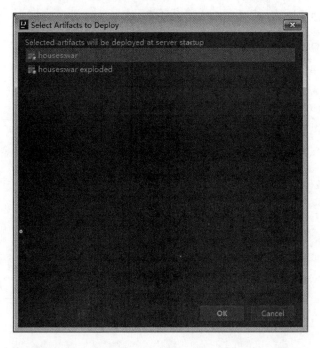

图 2-1-12
house:war 项目

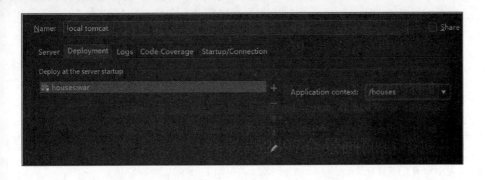

图 2-1-13
Deployment 标签

最后，选择"Run"→"Run"菜单命令，如图 2-1-14 所示。在打开的对话框中选择 local tomcat 来运行服务器，如图 2-1-15 所示。

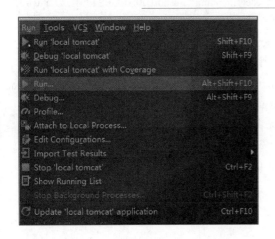

图 2-1-14
Run 菜单命令

图 2-1-15
选择 Tomcat 运行

正常开启服务，页面显示如图 2-1-16 所示。

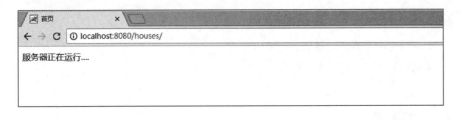

图 2-1-16
开启服务

（8）连接数据库，插入测试数据

连接数据库：按 Win+R 组合键，打开"运行"对话框，在其文本框中输入"cmd"，单击"确定"按钮，在弹出的窗口中输入命令行：

```
psql -h IP 地址 -p 端口 -d 数据库 -U 用户名
```

连接上腾讯云端的数据库后，界面显示如图 2-1-17 所示，则表示连接成功。

```
psql (9.5.12, 服务器 9.5.4)
house=>
```

图 2-1-17
连接数据库成功

然后，对表 Admin 和 House 插入一些测试数据。

① Admin。

INSERT INTO admin (user_id, password) VALUES ('1', '123456');
INSERT INTO admin (user_id, password) VALUES ('2', '888888');

② House。

INSERT INTO house (houseid, addtime, contact, coverpictureuri, introduction, location, panoramavideouri, price, size, title, admin_user_id, pullurl, pushurl) VALUES (991, '2018-04-25 16:26:33.611', '5868', '52bd07020c934a5da919699fe9396aa7162fbe7e0b7102cdad5f895f.png', '女女', '努力', 'a0d46269787f4675908732936c5b32f9162fbe7f314102cec58f05b2.mp4', '3666 元/平方米', '669 平方米', '嗯呢', '1', '', '');

INSERT INTO house (houseid, addtime, contact, coverpictureuri, introduction, location, panoramavideouri, price, size, title, admin_user_id, pullurl, pushurl) VALUES (992, '2018-04-16 12:51:08.517', '18997782637', 'r7.png', '这是个好房子这是个好房子这是个好房子这是个好房子这是个好房子这是个好房子这是个好房子这是个好房子这是个好房子这是个好房子这是个好房子这是个好房子这是个好房子', '杨安大道 789 号', NULL, '7160 元/平方米', '89 平方米', '牡丹花苑', '2', '', '');

房源可以插入更多的数据，以便功能的展示。详情参见电子资源 house.sql。

微课 2.2
客户端实现

任务 2.2 客户端实现

任务 2.2
客户端实现

 任务目标

- 实现与服务器端数据交互。
- 实现列表的上拉与下拉操作。
- 网络图片的展示。

 知识准备

1. Retrofit

（1）Retrofit 相关概念

Retrofit 是 Square 公司开发的一款针对 Android 网络请求的框架，其实质就是对 okHttp 的封装，使用面向接口的方式进行网络请求，利用动态生成的代理类封装网络接口。Retrofit 非常适合于 RESTful URL 格式的请求，更多使用注解的方式提供功能，其见表 2-2-1。

表 2-2-1　Retrofit

名称	备注
介绍	一个 RESTful 的 HTTP 网络请求框架（基于 OkHttp）
作者	Square
功能	● 基于 OkHttp 和遵循 Restful API 设计风格 ● 通过注解配置网络请求参数 ● 支持同步和异步网络请求 ● 支持多种数据的解析和序列化格式（GSON、JSON、XML 和 Protobuf）
优点	● 功能强大：支持同步和异步，支持多种数据的解析和序列化格式，支持 RxJava ● 简洁易用：通过注解配置网络请求参数，采用大量设计模式简化使用 ● 可扩展性好：功能模块高度封装，解耦彻底，如自定义 Converters 等
应用场景	任何网络请求的需求场景都应该优先选择 （特别是后台 API 遵循 RESTful API 设计风格和项目中使用 RxJava）

REST(Representational State Transfer)概念，首次出现在 2000 年 Roy Thomas Fielding（HTTP 规范的主要编写者之一）的博士论文中，它指的是一组架构约束条件和原则。满足这些约束条件和原则的应用程序或设计就是 RESTful 的。

REST 的几个概念如下。

● 资源（Resources）：　REST 是"表现层状态转化"，其实它省略了主语。表现层其实指的是资源的表现层。而资源就是平常上网访问的一张图片、一个文档、一个视频等。这些资源通过 URI 来定位，也就是一个 URI 表示一个资源。

● 表现层（Representation）：资源是做一个具体的实体信息，它可以有多种的展现方式。而把实体展现出来就是表现层，例如一个 TXT 文本信息，它可以输出成 HTML、JSON、XML 等格式，一个图片可以 JPG、PNG 等方式展现，这就由表现层来展现。URI 确定一个资源，但确定它的具体表现形式是在 HTTP 请求的头信息中用 Accept 和 Content-Type 字段指定，这两个字段才是对表现层的描述。

● 状态转化（State Transfer）：访问一个网站，就代表了客户端和服务器的一个互动过程。在这个过程中，会涉及数据和状态的变化。而 HTTP 是无状态的，那么这些状态肯定保存在服务器端，所以如果客户端想要通知服务器端改变数据和状态的变化，就需要通过某种方式来通知它。

客户端能通知服务器端的手段，只能是 HTTP。具体来说，就是 HTTP 中，4 个表示操作方式的动词 GET、POST、PUT、DELETE 分别对应 4 种基本操作：GET 用来获取资源，POST 用来新建资源（也可以用于更新资源），PUT 用来更新资源，DELETE 用来删除资源。

综合上面的解释，总结 RESTful 架构如下。

① 每一个 URI 代表一种资源。

② 客户端和服务器之间，传递这种资源的某种表现层。

③ 客户端通过 4 个 HTTP 动词，对服务器端资源进行操作，实现表现层状态转化。

Web 应用要满足 REST 最重要的原则——客户端和服务器之间的交互在请求之间是无状态的，即从客户端到服务器的每个请求都必须包含理解请求所必需的信息。如果服务器在请求之间的任何时间点重启，客户端不会得到通知。此外该请求可以由任何可用服务器回答，这十分适合云计算之类的环境。因为是无状态的，所以客户端可以缓存数据以改进性能。

另一个重要的 REST 原则是系统分层，这表示组件无法了解除了与它直接交互的层次以外的组件。通过将系统知识限制在单个层，可以限制整个系统的复杂性，从而促进了底层的独立性。

了解以上这些概念之后，可以发现 Retrofit 就是一个 RESTful 的 HTTP 网络请求框架的封装。

原因：网络请求的工作本质上是 OkHttp 完成，而 Retrofit 仅负责网络请求接口的封装。网络请求结构如图 2-2-1 所示。

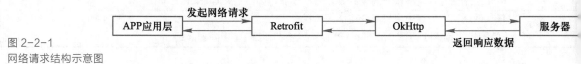

图 2-2-1
网络请求结构示意图

APP 应用程序通过 Retrofit 请求网络，实际上是使用 Retrofit 接口层封装请求参数、Header、URL 等信息，之后由 OkHttp 完成后续的请求操作。

在服务端返回数据之后，OkHttp 将原始的结果交给 Retrofit，Retrofit 根据用户的需求对结果进行解析。

Retrofit 把 REST API 返回的数据转化为 Java 对象，就像 ORM 框架那样，把数据库内存储的数据转化为相应的 JavaBean 对象。因此 Retrofit 是一个类型安全的网络框架，而且它是使用 REST API 的。

（2）Retrofit 的应用

1）添加 Retrofit 库的依赖

① 在 Gradle 加入 Retrofit 库的依赖。

```
build.gradle
dependencies {
// okhttp 库
compile 'com.squareup.okhttp3:okhttp:3.8.1'
// Retrofit 库
compile 'com.squareup.retrofit2:retrofit:2.3.0'
// gson 库

compile 'com.squareup.retrofit2:converter-gson:2.3.0'
}
```

② 添加网络权限。

```
AndroidManifest.xml
<uses-permission android:name="android.permission.INTERNET"/>
```

2）创建接收服务器返回数据的类

```
Reception.java
public class Reception {

    ...
    // 根据返回数据的格式和数据解析方式（JSON、XML 等）定义
    // 下面会在实例进行说明
    }
```

3）创建用于描述网络请求的接口

```
GetRequest_Interface.interface
public interface GetRequest_Interface {

@GET("blog")
  Call< Reception >   getCall((@Query ("id")int id);
  // @GET 注解的作用:采用 GET 方法发送网络请求

  // getCall() = 接收网络请求数据的方法
  // 其中返回类型为 Call<*>，*是接收数据的类，即上面定义的 Reception 类
  // 如果想直接获得 Responsebody 中的内容，可以定义网络请求返回值为
Call<ResponseBody>
  }
```

💠 注解说明

第 1 类：HTTP 请求方法，见表 2-2-2。

表 2-2-2　HTTP 请求方法

分　类	名　称	备　注
请求方法	GET	分别对应 HTTP 的请求方法，都接收一个字符串表示接口 Path 与 BaseUrl 组成完成的 URL，也可以不指定，结合下面的@Url 注解使用。URL 中也可以使用变量如{id}，并使用@Path("id")注解为{id}提供值
	POST	
	PUT	
	DELETE	
	PATCH	
	HEAD	
	OPTIONS	
	HTTP	可用于替换以上 7 个，以及其他扩展方法

表 2-3 中除 HTTP 以外都对应 HTTP 标准中的请求方法，而 HTTP 注解则可以代替以上方法中的任意一个注解。

第 2 类：标记类，见表 2-2-3。

表 2-2-3 标 记 类

分 类	名 称	备 注
表单请求	FormUrlEncoded	表示请求体是一个 Form 表单
	Multipart	表示请求体是一个支持文件上传的 Form 表单
标记	Streaming	表示响应体的数据用流的形式返回，如果没有使用该注解，默认会把数据全部载入内存，之后通过流获取数据也仅是读取内存中的数据，如果返回数据比较大，就需要使用该注解

● @FormUrlEncoded。

作用：表示发送 form-encoded 的数据。

每个键值对需要用@Filed 来注解键名，随后的对象需要提供值。

● @Multipart。

作用：表示发送 form-encoded 的数据（适用于有文件上传的场景）。

每个键值对需要用@Part 来注解键名，随后的对象需要提供值。

第 3 类：参数类，见表 2-2-4。

表 2-2-4 参 数 类

类 型	注解名称	解 释
网络请求参数	@Headers	添加请求头
	@Header	添加不固定值的 Header
	@Body	用于非表单请求体
	@Field	向 post 表单传入键值对
	@FieldMap	
	@Part	用于表单字段，适用于有文件上传的情况
	@PartMap	
	@Query	用于表单字段
	@QueryMap	
	@Path	URL 缺省值
	@URL	URL 设置

● @Field & @FieldMap。

作用：发送 Post 请求时提交请求的表单字段。

具体使用：与 @FormUrlEncoded 注解配合使用。

● @Part & @PartMap。

作用：发送 Post 请求时提交请求的表单字段。

与@Field 的区别：功能相同，但携带的参数类型更加丰富（包括数据流），所以适用于有文件上传的场景。

具体使用：与 @Multipart 注解配合使用。

● @Query 和@QueryMap。

作用：用于 @GET 方法的查询参数（Query = Url 中'?'后面的 key-value），

如 url = http://www.println.net/?cate=android，其中，Query = cate。

具体使用：配置时只需要在接口方法中增加一个参数即可。

● @Path。

作用：URL 地址的缺省值。

具体使用：配置时只需要在接口方法中增加一个参数即可。

4）创建 Retrofit 实例

```
Retrofit retrofit = new Retrofit.Builder()
    .baseUrl("http://fanyi.youdao.com/") // 设置网络请求的 URL 地址
    .addConverterFactory(GsonConverterFactory.create()) // 设置数据解析器
    .addCallAdapterFactory(RxJavaCallAdapterFactory.create()) // 支持 RxJava 平台
    .build();
```

① 关于数据解析器（Converter）。

Retrofit 支持多种数据解析方式，使用时需要在 Gradle 添加依赖，见表 2-2-5。

表 2-2-5　Retrofit 解析方式对应的 Gradle 依赖

解　　析	Gradle 依赖
Gson	com.squareup.retrofit2:converter-gson:2.0.2
Jackson	com.squareup.retrofit2:converter-jackson:2.0.2
Simple XML	com.squareup.retrofit2:converter-simplexml:2.0.2
Protobuf	com.squareup.retrofit2:converter-protobuf:2.0.2
Moshi	com.squareup.retrofit2:converter-moshi:2.0.2
Wire	com.squareup.retrofit2:converter-wire:2.0.2
Scalars	com.squareup.retrofit2:converter-scalars:2.0.2

② 关于网络请求适配器（CallAdapter）。

Retrofit 支持多种网络请求适配器方式，如 Guava、Java8 和 RxJava。使用时如使用的是 Android 默认的 CallAdapter，则不需要添加网络请求适配器的依赖，否则则需要按照需求进行添加 Retrofit 提供的 CallAdapter。

使用时需要在 Gradle 添加依赖，见表 2-2-6。

表 2-2-6　Retrofit 网络请求适配器对应的 Gradle 依赖

网络请求适配器	Gradle 依赖
guava	com.squareup.retrofit2:adapter-guava:2.0.2
Java8	com.squareup.retrofit2:adapter-java8:2.0.2
rxjava	com.squareup.retrofit2:adapter-rxjava:2.0.2

5）创建网络请求接口实例

```
// 创建网络请求接口的实例
GetRequest_Interface request = retrofit.create(GetRequest_Interface.class);
```

```
//对发送请求进行封装
Call<Reception> call = request.getCall(1);
```

6）发送网络请求（异步 / 同步）

封装了数据转换、线程切换的操作。

```
//发送网络请求（异步）
call.enqueue(new Callback< Reception >() {
//请求成功时回调
@Override
public void onResponse(Call< Reception > call, Response< Reception > response) {
//请求处理，输出结果
response.body().show();
        }

//请求失败时回调
@Override
public void onFailure(Call< Reception > call, Throwable throwable) {
        System.out.println("连接失败");
    }
  });
// 发送网络请求（同步）
Response<Reception> response = call.execute();
```

2. SwipeMenuListView

安卓原生的 ListView 不提供相应功能，因此需要自制控件。这种控件在 APP 中普遍使用，有比较成熟的解决方案 https://github.com/baoyongzhang/SwipeMenuListView。其应用如下。

（1）添加 Gradle 依赖

```
compile'cn.bingoogolapple:bga-refreshlayout:1.1.8@aar'
```

（2）在布局文件中添加 BGARefreshLayout

·注意 》》》》》》》》————————————————————————————

内容控件的高度请使用 android:layout_height="0dp" 和 android:layout_weight="1"。

```
<cn.bingoogolapple.refreshlayout.BGARefreshLayout xmlns:android="http://schemas.
android.com/apk/res/android"
    android:id="@+id/rl_modulename_refresh"
android:layout_width="match_parent"
android:layout_height="match_parent">
```

```
<!-- BGARefreshLayout 的直接子控件 -->
<AnyView
android:layout_width="match_parent"
android:layout_height="0dp"
android:layout_weight="1" />
</cn.bingoogolapple.refreshlayout.BGARefreshLayout>
```

（3）在 Activity 或者 Fragment 中配置 BGARefreshLayout

```
    BGANormalRefreshViewHolder bgaNormalRefreshViewHolder = new
BGANormalRefreshViewHolder(this, true);
mRefreshLayout.setRefreshViewHolder(bgaNormalRefreshViewHolder);

// 为 BGARefreshLayout 设置代理
mRefreshLayout.setDelegate(new BGARefreshLayout.BGARefreshLayoutDelegate() {
    @Override
public void onBGARefreshLayoutBeginRefreshing(BGARefreshLayout refreshLayout) {
    //此处为下拉刷新时的回调
    }
    @Override
public boolean onBGARefreshLayoutBeginLoadingMore(BGARefreshLayout refreshLayout) {
    //此处为上拉加载时的回调
return false;
    }
});
```

3．网络图片加载框架 Glide

（1）Glide

在泰国举行的谷歌开发者论坛上，谷歌公司介绍了一个名叫 Glide 的图片加载库，作者是 Bumptech。这个库被广泛地运用在 Google 的开源项目中，包括 2014 年 Google I/O 大会上发布的官方 APP。

Glide 是一款由 Bump Technologies 开发的图片加载框架，使得用户可以在 Android 平台上以极度简单的方式加载和展示图片。Glide 默认使用 HttpUrlConnection 进行网络请求，为了让 APP 保持一致的网络请求形式，可以让 Glide 使用指定的网络请求形式请求网络资源。

（2）Glide 特点

① 使用简单。
② 可配置度高，自适应程度高。
③ 支持常见图片格式，如 JPG、PNG、GIF、WebP 等。

④ 支持多种数据源，如网络、本地、资源、Assets 等。

⑤ 高效缓存策略。支持 Memory 和 Disk 图片缓存，默认 Bitmap 格式采用 RGB_565，内存使用至少减少一半。

⑥ 生命周期集成。根据 Activity/Fragment 生命周期自动管理请求。

⑦ 高效处理 Bitmap。使用 Bitmap Pool 使 Bitmap 复用，主动调用 Recycle 回收需要回收的 Bitmap，减小系统回收压力。

（3）使用介绍

① 添加 Gradle 依赖。

```
compile'com.github.bumptech.glide:glide:3.7.0'
```

② 使用方法。

```
String url = "http://img1.dzwww.com:8080/tupian_pl/20150813/16/7858995348613407436.
jpg"; ImageView imageView = (ImageView) findViewById(R.id.imageView); Glide. With
(context) . load(url) .into(imageView);
```

Glide.with()方法用于创建一个加载图片的实例。with()方法可以接收 Context、Activity、Fragment 或者 FragmentActivity 类型的参数，因此可供选择的范围非常广。在 Activity、Fragment 或者 FragmentActivity 中调用 with()方法时都可以直接传入实例，不在这些类中时可获取当前应用程序的 ApplicationContext 传入 with()方法中。特别需要注意的是，with()方法中传入的实例会决定 Glide 加载图片的生命周期，如果传入的是 Activity、Fragment 或者 FragmentActivity 的实例，那么当其被销毁时，图片加载也会停止，如果传入的是 ApplicationContext 时，只有当应用程序被取消的时候图片加载才会停止。

```
Glide.with(Context context);                    // 绑定 Context
Glide.with(Activity activity);                   // 绑定 Activity
Glide.with(FragmentActivity activity);           // 绑定 FragmentActivity
Glide.with(Fragment fragment);                   // 绑定 Fragment
```

load()方法用于指定待加载的图片资源。Glide 支持加载各种各样的图片资源，包括网络图片、本地图片、应用资源、二进制流、URI 对象等。

into()方法用于图片显示的对应 ImageView。

Glide 支持加载 GIF 图片，其内部会自动判断图片格式，并且可以正确地将它解析并显示出来。

使用 Glide 加载图片不用担心内存浪费，甚至内存溢出的问题。因为 Glide 不会直接将图片的完整尺寸全部加载到内存中，而是用多少加载多少。Glide 会自动判断 ImageView 的大小，然后只将这么大的图片像素加载到内存当中，帮助用户节省内存开支。

（4）占位图设置

观察刚才加载网络图片的效果，当单击"Load Image"按钮之后，要稍微等待一会图片才会显示出来。这是因为从网络上下载图片是需要时间的。

Glide 提供了各种各样非常丰富的 API 支持，其中就包括占位图功能。顾名思义，占位图就是指在图片的加载过程中，先显示一张临时的图片，等图片加载出来了再替换成要加载的图片。以下是 Glide 占位图功能的使用方法。

首先事先准备好了一张 loading.jpg 图片，用来作为占位图显示。当然，这只是占位图的一种，除了这种加载占位图之外，还有一种异常占位图。异常占位图就是指，如果因为某些异常情况导致图片加载失败，如手机网络信号不好，这时就显示这张异常占位图。

异常占位图的用法，首先准备一张 error.jpg 图片，然后修改 Glide 加载部分的代码：

```
Stringurl = "http://img1.dzwww.com:8080/tupian_pl/20150813/16/7858995348613407436.jpg";
ImageView imageView = (ImageView) findViewById(R.id.imageView);
Glide.with(context)
    .load(url)
    .placeholder(R.drawable. loading)    //图片加载出来前，显示的图片
    .error(R.drawable. error)            //图片加载失败后，显示的图片
    .into(imageView);
```

（5）图片大小与裁剪

在项目开发过程中，指定图片显示大小常常会用到，因为从服务器获取的图片不一定都符合设计图的标准。在这里就可以使用 override(width, height)方法，在图片显示到 ImageView 之前，重新改变图片大小。

```
Glide.with(context)
    .load(url)
    .override(width,height)//这里的单位是 px
    .into(imageView);
```

在设置图片到 ImageView 时，为了避免图片被挤压失真，ImageView 本身提供了 ScaleType 属性，该属性可以控制图片显示时的方式。Glide 也提供了 2 个类似的方法 CenterCrop()和 FitCenter()。CenterCrop()方法是将图片按比例缩放到足已填充 ImageView 的尺寸，但图片可能会显示不完整；而 FitCenter()则是将图片缩放到小于等于 ImageView 的尺寸，这样图片就显示完整，但 ImageView 可能不会填满。

 **注意** ⟩⟩⟩⟩⟩⟩

其实 Glide 的 CenterCrop() 和 FitCenter() 这 2 个方法分别对应 ImageView 的 ScaleType 属性中 CENTER_CROP 和 FIT_CENTER，命名基本一致。

（6）图片的缓存处理

① 设置磁盘缓存策略。

```
Glide.with(this).load(imageUrl).diskCacheStrategy(DiskCacheStrategy.ALL).into
(imageView);
// 缓存参数说明
// DiskCacheStrategy.NONE：不缓存任何图片，即禁用磁盘缓存
// DiskCacheStrategy.ALL ：缓存原始图片及转换后的图片（默认）
```

```
// DiskCacheStrategy.SOURCE：只缓存原始图片（原来的全分辨率的图像，即不
缓存转换后的图片）
// DiskCacheStrategy.RESULT：只缓存转换后的图片（即最终的图像），降低分
辨率后 / 或者转换后，不缓存原始图片
```

② 设置跳过内存缓存。

```
Glide
    .with(this)
.load(imageUrl)
.skipMemoryCache(true)
.into(imageView);
//设置跳过内存缓存
//这意味着 Glide 将不会把这张图片放到内存缓存中去
//这里需要明白的是，这只是会影响内存缓存！Glide 将仍然利用磁盘缓存来避
免重复的网络请求
```

4．ButterKnife

（1）ButterKnife 简介

ButterKnife 是一个专注于 Android 系统的 View 注入框架，以前总是要写很多 findViewById 来找到 View 对象，有了 ButterKnife 可以轻松地省去这些步骤。ButterKnife 是 JakeWharton 的力作，目前使用很广。最重要的一点，使用 ButterKnife 对性能基本没有损失，因为 ButterKnife 用到的注解并不是在运行时反射的，而是在编译时生成新的 Class。项目集成起来特别方便，使用起来也特别简单。

（2）ButterKnife 的优势

① 强大的 View 绑定和 Click 事件处理功能，简化代码，提升开发效率。
② 方便的处理 Adapter 里的 ViewHolder 绑定问题。
③ 运行时不会影响 App 效率，使用配置方便。
④ 代码清晰，可读性强。

（3）使用介绍

① 添加 Gradle 依赖。

```
annotationProcessor'com.jakewharton:butterknife-compiler:8.5.1'
compile 'com.jakewharton:butterknife:8.5.1'
```

② 使用方法。
● 在 Activity 中绑定 ButterKnife。
由于每次都要在 Activity 中的 onCreate 绑定 Activity，建议写一个 BaseActivity 完成绑定，子类继承即可。绑定 Activity 必须在 setContentView 之后。使用 ButterKnife.bind(this) 进行绑定。代码如下：

```
public class MainActivity extends AppCompatActivity{
    @Override
protected void onCreate(Bundle savedInstanceState) {
super.onCreate(savedInstanceState);
setContentView(R.layout.activity_main);
    //绑定初始化 ButterKnife
ButterKnife.bind(this);
    }
}
```

● 在 Adapter 中绑定 ButterKnife。

在 Adapter 的 ViewHolder 中使用,将 ViewHolder 加一个构造方法,在 new ViewHolder 时把 View 传递进去。使用 ButterKnife.bind(this, view)进行绑定,代码如下:

```
public class MyAdapter extends BaseAdapter {

  @Override
public View getView(int position, View view, ViewGroup parent) {
    ViewHolder holder;
if (view != null) {
holder = (ViewHolder) view.getTag();
    } else {
view = inflater.inflate(R.layout.testlayout, parent, false);
holder = new ViewHolder(view);
view.setTag(holder);
    }

holder.name.setText("Donkor");
holder.job.setText("Android");
    // etc...
return view;
    }

static class ViewHolder {
@BindView(R.id.title) TextView name;
@BindView(R.id.job) TextView job;

public ViewHolder(View view) {
ButterKnife.bind(this, view);
    }
  }
}
```

● 绑定 View。

控件 id 注解：@BindView()。

@BindView(R.id.button)
Button button;

 说明 ››››››》》

ButterKnife 使用心得与注意事项。

● 在 Activity 类中绑定：ButterKnife.bind(this);，必须在 setContentView();之后绑定，且父类 bind 绑定后，子类不需要再 bind。

● 在非 Activity 类（eg：Fragment、ViewHold）中绑定：ButterKnife.bind(this，view);，这里的 this 不能替换成 getActivity()。

● 在 Activity 中不需要做解绑操作，在 Fragment 中必须在 onDestroyView()中做解绑操作。

● 使用 ButterKnife 修饰的方法和控件，不能用 private 或 static 修饰，否则会报错，如错误@BindView fields must not be private or static. (com.zyj.wifi. ButterknifeActivity.button1)。

● setContentView()不能通过注解实现（其他有些注解框架可以）。

● 使用 Activity 为根视图绑定任意对象时，如果使用类似 MVC 的设计模式，开发人员可以在 Activity 调用 ButterKnife.bind(this, activity)来绑定 Controller。

● 使用 ButterKnife.bind(this,view)绑定一个 View 的子节点字段。如果在子 View 的布局里或者自定义 View 的构造方法中使用了 inflate，开发人员可以立刻调用此方法。或者，可以在 onFinishInflate 回调方法中使用 XML inflate 的自定义 View 类型。

 任务实施

（1）打开项目

打开 Anroid Studio 导入本书提供的配套项目包，此项目包是一个没有实现具体功能的空工程，如图 2-2-2 所示。

图 2-2-2
打开配套项目包

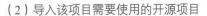

（2）导入该项目需要使用的开源项目

打开 app 目录下的 build.gradle 文件，在 dependencies 字段下添加以下代码：

```
    compile 'com.squareup.okhttp3:okhttp:3.8.1'
compile 'com.squareup.retrofit2:retrofit:2.3.0'
compile 'com.squareup.retrofit2:converter-gson:2.3.0'
compile 'cn.bingoogolapple:bga-refreshlayout:1.1.8@aar'
annotationProcessor 'com.jakewharton:butterknife-compiler:8.5.1'
compile 'com.jakewharton:butterknife:8.5.1'
    compile'com.github.bumptech.glide:glide:3.7.0'
```

（3）在 androidmanifest.xml 中添加网络权限

```
<uses-permission android:name="android.permission.INTERNET" />
```

（4）导入资源

导入项目所需要的所有资源，包括图片和文字。替换 values 和 drawable 里所有文件，方便后续的引用，也可以跳过此步骤，在后续操作中用到相关的文字或者图片的时候，逐个添加。

（5）绘制首页页面

打开 activity_main.xml，绘制首页 View，主要分上下 2 个模块，上半部分包含 Title 和一个 Menu 菜单按钮，下半部分包含一个下拉刷新、上拉加载的 listView。具体代码可见电子资源中的 activity_main.xml。

注意 》》》》》》

XML 文件中包含有最低 SDK 版本要求使用的控件，因此需要将 app 目录下 build.gradle 中 minSdkVersion 的值改为 21。

（6）添加控件引用，实现对 ButterKnife 初始化操作

打开 MainActivity.java 类中用 ButterKnife 的方法取得该页面所有控件，代码如下：

```
    private static final String TAG = "MainActivity";
@BindView(R.id.house_list)
ListView houseList;
@BindView(R.id.rl_modulename_refresh)
BGARefreshLayout mRefreshLayout;
```

并且在 onCreate 里完成对 ButterKnife 的初始化操作。

```
ButterKnife.bind(this);
```

注意 ››››› ››
━━━━━━━━━━━━━━━━━━━━━━━━━━━━━━━
此步骤在每个新建页面中必须要操作。

（7）实体类 House

新建 com.jarvis.cetc.entity 包和 House.java 类。这个类用来接收服务器房源列表数据，具体代码可见电子资源中的 House.java，主要有以下参数。

```
private Integer houseID;
private String title;
private String location;
private String price;
private String size;
private String contact;
private String introduction;
private String panoramaVideoURI;
private String coverPictureURI;
```

（8）构建列表数据

① 绘制 listView 中每一个 item 的显示 View。

在 res/layout 目录下新建 house_list_item.xml，绘制列表页面里每一条数据要展示的页面。具体代码可见电子资源中的 house_list_item.xml。

② 新建 listView 所需的适配器。

新建 com.jarvis.cetc.adapter 包和 HouseListAdapter.java 类。

继承 BaseAdapter 并实现这个类中的方法，listView 在一开始绘制的时候首先会调用 getCount()方法得到绘制次数，然后会实例化自己定义的 BaseAdapter，通过 getView()方法一层一层绘制 listView。所以在这里可以根据 position（当前绘制的 ID）来任意修改绘制的内容。

在 HouseListAdapter 的构造方法里传入 Context 对象，获得 LayoutInflater 对象。

```
private LayoutInflater inflater;
private Context context;

public HouseListAdapter(Context context) {
inflater = LayoutInflater.from(context.getApplicationContext());
this.context=context;
}
```

在 Adapter 中，添加处理数据操作方法，暂时添加下列几种方法，后续如果用到其他数据操作，添加如下代码。

```
private List<House>houseList = new ArrayList<>();
```

● 添加数据列表。

```
    public void addHouses(List<House> houses) {
houseList.addAll(houses);
    //刷新页面数据
  notifyDataSetChanged();
}
```

● 删除所有数据。

```
    public void clearHouses() {
houseList.clear();
  notifyDataSetChanged();
}
```

● 获取最后一条数据的 id。

```
    public int getLastHouseID() {
if (houseList.isEmpty()) {
return 0;
  } else {
return houseList.get(houseList.size() - 1).getHouseID();
  }
}
```

设置页面数据。修改以下 3 个方法，实现获取 houseList 数据。

```
    @Override
public int getCount() {
return houseList.size();
}


@Override
public House getItem(int position) {
return houseList.get(position);
}


@Override
public long getItemId(int position) {
return position;
}
```

新建 ViewHolder 提升 listView 加载性能。ViewHolder 通常出现在适配器里，为的是 listView 滚动时快速设置值，而不必每次都重新创建很多对象，从而提升性能。代码如下：

```
                    static class ViewHolder {

                    @BindView(R.id.house_list_item_image)
                    ImageView houseImage;
                    @BindView(R.id.house_list_item_title)
                    TextView titleText;
                    @BindView(R.id.house_list_item_location)
                    TextView locationText;
                    @BindView(R.id.house_list_item_price)
                    TextView priceText;
                    @BindView(R.id.house_list_item_size)
                    TextView sizeText;
                    // 使用 butterknife 获取控件
                    ViewHolder(View view) {
                        ButterKnife.bind(this, view);
                    }
                }
```

getView 里获取自定义 View 对象并填充数据，代码如下：

```
        finalViewHolder holder;
    if (convertView != null) {
        holder = (ViewHolder) convertView.getTag();
    } else {
        convertView = inflater.inflate(R.layout.house_list_item, parent, false);
        holder = new ViewHolder(convertView);
        convertView.setTag(holder);
    }
    //设置页面数据
    House house = houseList.get(position);
    holder.titleText.setText(house.getTitle());
    holder.locationText.setText(house.getLocation());
    holder.priceText.setText(house.getPrice());
    holder.sizeText.setText(house.getSize());
    Glide.with(context).load("http://panorama-1253440178.cossh.myqcloud.com/"+house.
getCoverPictureURI()).into(holder.houseImage);
    return convertView;
```

💡 **注意** 〉〉〉〉〉〉

　　项目中的图片和点播视频均存储在腾讯云服务器。因此这里展示的图片地址路径为腾讯云服务器中相应的图片地址路径。图片地址必须是全地址，后台服务器提供的只是文件名，完整的地址还需要自己拼接。如何查看图片完整地址，可参考任务 7.2 客户端实现→上传照片和视频。

③ 调用适配器。

在 MainActivity.java 中为 listView 调用适配器，添加如下代码：

```
private HouseListAdapter houseListAdapter;
```

在 onCreate()方法中添加代码：

```
houseListAdapter = new HouseListAdapter(this);
houseList.setAdapter(houseListAdapter);
```

（9）初始化上拉加载下拉刷新控件

设置回调接口。在 MainActivity.java 中添加 initRefreshLayout 方法，代码如下：

```
private void initRefreshLayout() {
BGANormalRefreshViewHolder bgaNormalRefreshViewHolder = new
BGANormalRefreshViewHolder(this, true);
mRefreshLayout.setRefreshViewHolder(bgaNormalRefreshViewHolder);

// 为BGARefreshLayout 设置代理
mRefreshLayout.setDelegate(new BGARefreshLayout.BGARefreshLayoutDelegate() {
    @Override
public void onBGARefreshLayoutBeginRefreshing(BGARefreshLayout refreshLayout) {
//下拉刷新时的回调
    }

    @Override
public boolean onBGARefreshLayoutBeginLoadingMore(BGARefreshLayout refreshLayout) {
    //上拉加载时的回调
return false;
    }
  });
}
```

在 onCreate()方法中添加代码：

```
initRefreshLayout();
```

（10）构建网络请求

① 新建 HttpServiceManager 工具类。

新建 com.jarvis.cetc.service.http 包和 HttpServiceManager.java 类。该方法封装了网络请求框架，以后做网络请求，直接调用这个类就能获得相应的 Service 接口实现。具体代码可以参考电子资源 HttpServiceManager.java。

● 定义网络请求的服务器地址。

```
                        // local IP of your computer, please replace to your web server IP
                        private static final String API_BASE_PATH = "http://192.168.0.64:8080/";
```

 注意 ››››››》》

API_BASE_PATH 需改成自己服务器 IP 地址。

● 定义 httpClient、retrofit、cookieStore 变量。

```
// httpClient
private OkHttpClient httpClient = null;
// retrofit is a third-party http request helper
private Retrofit retrofit = null;
// use to store cookies
private final ConcurrentMap<String, List<Cookie>> cookieStore = new
ConcurrentHashMap<>();
```

● 通过单例模式，获取到 HttpServiceManager 类，并且实例化 Retrofit 对象。

```
public static HttpServiceManager getInstance() {
return ourInstance;
}
    private static final HttpServiceManager ourInstance = new HttpServiceManager();
    private HttpServiceManager() {
this.httpClient = new OkHttpClient.Builder().cookieJar(new CookieJar() {
    @Override
public void saveFromResponse(HttpUrl url, List<Cookie> cookies) {
    //保存 cookie
       Log.d("SAVE COOKIE", "saveFromResponse: " + url.host());
cookieStore.put(url.host(), cookies);
    }

    @Override
public List<Cookie> loadForRequest(HttpUrl url) {
if (cookieStore.containsKey(url.host())) {
return cookieStore.get(url.host());
    } else {
return new ArrayList<>();
    }
    }
}).build();
  Gson gson = new Gson();
    //获取 retrofit 对象
this.retrofit = new Retrofit.Builder()
```

```
        .baseUrl(API_BASE_PATH)
        .client(httpClient)
        .addConverterFactory(GsonConverterFactory.create(gson))
        .build();
}
```

● 添加各参数的 get 方法。

```
public static String getApiBasePath() {
returnAPI_BASE_PATH;
}
@Deprecated
public OkHttpClient getHttpClient() {
returnhttpClient;
}
@Deprecated
public Retrofit getRetrofit() {
returnretrofit;
}
```

● 添加清除 cookie 的方法。

```
public void clearCookies() {
this.cookieStore.clear();
}
```

② 公共参数类 JsonResponse。

在 com.jarvis.cetc.entity 包中新建 JsonResponse.java 类。此类是服务器返回值 model，将公共参数封装建立，共 3 个参数。其中，code 表示服务器请求返回码，message 表示服务器返回提示信息，JsonResponse.java 最后一个值为 data，表示服务器返回数据，因为不知道数据类型，可以定义为泛型<T>。具体代码可见电子资源 JsonResponse.java。

③ 网络接口 InfoService。

新建 com.jarvis.cetc.service.http 包，新增 InfoService.java 接口，完整代码如下：

```
    public interface InfoService {

    @GET("houses/some")
    Call<JsonResponse<List<House>>> queryHousesList(
        @Query("lastID") int lastID,
        @Query("count") int requiredCount
    );
}
```

④ 引用 InfoService。

在 HttpServiceManager 实例化 InfoService 对象，并生成对应的 get 方法，具体代码实现如下：

```
private final InfoService infoService;
public InfoService getInfoService() {
return infoService;
}
```

在 HttpServiceManager 的构造方法中添加实例化 InfoService 的代码：

```
infoService = retrofit.create(InfoService.class);
```

⑤ 网络请求接口使用。

打开 MainActivity.java 类，调用获取列表方法就可以写成：

```
private void loadHouseAsyncHelp(final int lastID, int count) {
HttpServiceManager.getInstance().getInfoService().queryHousesList(lastID, count).
enqueue(new Callback<JsonResponse<List<House>>>() {
@Override
public void onResponse(@NonNull Call<JsonResponse<List<House>>> call, @NonNull
Response<JsonResponse<List<House>>> response) {
    //网络请求成功的回调
    }

    @Override
public void onFailure(@NonNull Call<JsonResponse<List<House>>> call, @NonNull
Throwable t) {
    //网络请求失败的回调
    }
});
}
```

注意 ››››››》

其中 lastID 代表列表中最后一条数据 id，count 为每次加载的数据条数。

（11）处理数据

① 网络请求失败时会执行 onFailure 回调。在此方法里添加错误处理代码：

```
Log.d(TAG, "refreshHouseAsync onFailure: connection error", t);
//关闭上拉下拉显示效果
mRefreshLayout.endRefreshing();
mRefreshLayout.endLoadingMore();
runOnUiThread(new Runnable() {
@Override
```

```
    public void run() {
        Toast.makeText(MainActivity.this, R.string.bad_connection, Toast.LENGTH_
SHORT).show();
    }
});
```

② 网络请求成功时会执行 onResponse 回调。在此方法里添加成功处理代码：

```
    //关闭上拉下拉显示效果
    mRefreshLayout.endRefreshing();
mRefreshLayout.endLoadingMore();
    //获取 response body
JsonResponse<List<House>> body = response.body();
if (body == null) {
  Log.e(TAG, "loadHouseAsyncHelp onResponse: no response body");
  return;
}
    //判断返回值 code 是不是 200
if (body.getCode() != 200) {
  Log.e(TAG, "loadHouseAsyncHelp onResponse: " + body.getMessage());
  return;
}
//是 200 的话，获取网络返回值
List<House> houses = body.getData();
if (houses.isEmpty()) {
  runOnUiThread(new Runnable() {
    @Override
public void run() {
        Toast.makeText(MainActivity.this, R.string.no_more_houses, Toast.LENGTH_
SHORT).show();
    }
  });
  return;
}
//当 lastID==0 时，表示加载的是第一页数据，此时，需要先清理掉
//页面数据 houseListAdapter.clearHouses()，才能添加数据

if (lastID == 0) {
  houseListAdapter.clearHouses();
}
houseListAdapter.addHouses(houses);
```

（12）用户操作时进行的网络请求

① 第一次进入首页。

当第一次进入页面时，需要加载第一页的数据，在 onCreate()方法中添加代码：

mRefreshLayout.beginRefreshing();

注意 》》》》》》》

该方法会自动执行下拉控件 onBGARefreshLayoutBeginRefreshing 回调中。

② 下拉操作。

用户进行下拉操作时，会执行下拉控件的 onBGARefreshLayoutBeginRefreshing 回调方法。添加如下代码：

loadHouseAsyncHelp(0, 10);

③ 上拉操作。

当用户将列表滑动到最低端时，会执行上拉控件 onBGARefreshLayoutBeginLoadingMore 回调方法，添加如下代码：

loadHouseAsyncHelp(**houseListAdapter**.getLastHouseID(), 10);

 项目总结

本项目演示完成了房源列表页面的开发。重点讲述后台框架的搭建与如何进行前后台通信的方法，同时涉及下拉刷新和上拉加载控件的使用，以及方便简洁地显示网络图片。Retrofit 网络框架很强大，整个项目都是使用该框架，相信读者会越用越熟练。

 项目实训

【实训题目】

修改下拉刷新、上拉加载显示效果。

【实训目的】

熟练使用上拉加载、下拉刷新页面。

项目 3

登录和登出

 学习目标

本项目主要完成以下学习目标：

- 熟练使用 SharedPreferences。

- 了解并能使用 SpringMVC 的拦截器。

- 了解 Java 的注解——Retention 与 Target。

项目描述

当房产中介管理员有账号的时候，客户端调用服务器端的登录接口进行登录操作，然后去管理自己的房源信息。在登录状态时，可以调用登出接口进行登出操作，退出当前账号。实现效果如图 1-1-4 和图 1-1-7 所示。

任务 3.1 服务器端实现

任务 3.1
服务器端实现

任务目标

- 登录操作需要去后台查询账号以及比对密码，都正确的情况下才能成功。
- 登出操作需要清理之前存储在 Session 中的账号信息。

微课 3.1
服务器端实现

 知识准备

1. Spring MVC 中 HandlerInterceptorAdapter 的使用

一般情况下，对来自浏览器请求的拦截，是利用 Filter 实现的，这种方式可以实现 Bean 预处理、后处理。Spring MVC 的拦截器不仅可实现 Filter 的所有功能，还可以精确地控制拦截精度。

Spring 提供了 org.springframework.web.servlet.handler.HandlerInterceptorAdapter 适配器，继承此类，可以非常方便地实现自己的拦截器。它有以下 3 种方法。

（1）public boolean preHandle()

```
public boolean preHandle(HttpServletRequest request, HttpServletResponse response,
Object handler)
    throws Exception {
    return true;
    }
```

（2）public void postHandle()

```
public void postHandle(
    HttpServletRequest request, HttpServletResponse response, Object handler,
ModelAndView modelAndView)
    throws Exception {
    }
```

（3）public void afterCompletion()

```
public void afterCompletion(
```

```
        HttpServletRequest request, HttpServletResponse response, Object handler,
Exception ex)
        throws Exception {
    }
```

它们分别实现预处理、后处理（调用了 Service 并返回 ModelAndView，但未进行页面渲染）和返回处理（已经渲染了页面）。在 preHandle 中，可以进行编码、安全控制等处理；在 postHandle 中，有机会修改 ModelAndView；在 afterCompletion 中，可以根据 ex 是否为 null，判断是否发生了异常，进行日志记录。

2．Java 注解——Retention 与 Target

（1）@Retention

用来说明该注解类的生命周期。它有以下 3 个参数。
- RetentionPolicy.SOURCE：注解只保留在源文件中。
- RetentionPolicy.CLASS：注解保留在 class 文件中，在加载到 JVM 虚拟机时丢弃。
- RetentionPolicy.RUNTIME：注解保留在程序运行期间，此时可以通过反射获得定义在某个类上的所有注解。

（2）@Target

用来说明该注解可以被声明在哪些元素之前。
- ElementType.TYPE：说明该注解只能被声明在一个类前。
- ElementType.FIELD：说明该注解只能被声明在一个类的字段前。
- ElementType.METHOD：说明该注解只能被声明在一个类的方法前。
- ElementType.PARAMETER：说明该注解只能被声明在一个方法参数前。
- ElementType.CONSTRUCTOR：说明该注解只能声明在一个类的构造方法前。
- ElementType.LOCAL_VARIABLE：说明该注解只能声明在一个局部变量前。
- ElementType.ANNOTATION_TYPE：说明该注解只能声明在一个注解类型前。
- ElementType.PACKAGE：说明该注解只能声明在一个包名前。

任务实施

① 在 dao 包下新建 AdminDao 接口，定义查询通过账号和密码查询的方法，来判定登录信息是否正确。

```
    package dao;

import entity.Admin;

public interface AdminDao {
    boolean queryExist(String ID, String password);
}
```

② 在 impl 下新建其实现类 AdminDaoImpl，用来实现这个方法。

```
package dao.impl;

import dao.AdminDao;
import org.hibernate.SessionFactory;
import org.springframework.beans.factory.annotation.Autowired;
import org.springframework.stereotype.Repository;

import javax.transaction.Transactional;

@Transactional
@Repository
public class AdminDaoImpl implements AdminDao {

    private final SessionFactory sessionFactory;

    @Autowired
    public AdminDaoImpl(SessionFactory sessionFactory) {
        this.sessionFactory = sessionFactory;
    }

    @Override
    public boolean queryExist(String ID, String password) {
        Long count = (Long) sessionFactory.getCurrentSession()
            .createQuery("select count(*) from Admin where userID = ? and password=? ")
            .setParameter(0, ID)
            .setParameter(1, password)
            .uniqueResult();
        return count > 0;
    }
}
```

③ 在 controller 包下，新建 admin 相关的控制器 AdminController，同样继承 JsonPageController。

```
package controller;

import dao.AdminDao;
import dto.Response;
import org.springframework.beans.factory.annotation.Autowired;
import org.springframework.web.bind.annotation.*;
```

```
import javax.servlet.http.HttpSession;

@RestController
@RequestMapping(value = "/admins", produces = "application/json; charset=utf-8")
public class AdminController extends JsonPageController {

    private final AdminDao adminDao;

    @Autowired
    public AdminController(AdminDao adminDao) {
        this.adminDao = adminDao;
    }

    @RequestMapping(value = "/login", method = RequestMethod.POST)
    public Response login(@RequestParam String adminID, @RequestParam String
password, HttpSession session) {
        if (adminDao.queryExist(adminID, password)) {
            session.setAttribute("adminID", adminID);
            return Response.success();
        } else {
            return Response.error("用户 ID 不存在或者密码错误！");
        }
    }
}
```

④ 登出需要清理保存在 Session 中的账号信息，因此需要使用 HandlerInterceptorAdapter 来进行处理。

在 java 目录下新建包 annotation（注解），再新建一个注解，命名为 ClearAdminLoginState，如图 3-1-1 所示。

图 3-1-1
新建注解 ClearAdminLoginState

编辑 ClearAdminLoginState 文件。

```
package annotation;

import java.lang.annotation.ElementType;
```

```
import java.lang.annotation.Retention;
import java.lang.annotation.RetentionPolicy;
import java.lang.annotation.Target;

@Target(ElementType.METHOD)
@Retention(RetentionPolicy.RUNTIME)
public @interface ClearAdminLoginState {

}
```

紧接着需要在 java 目录下新建包 framework，用来存放整体框架代码，如自定义拦截器等。此包下需要新建一个类 ApplicationInterceptor：

```
package framework;

import annotation.ClearAdminLoginState;
import org.springframework.web.method.HandlerMethod;
import org.springframework.web.servlet.handler.HandlerInterceptorAdapter;

import javax.servlet.http.HttpServletRequest;
import javax.servlet.http.HttpServletResponse;
import java.lang.reflect.Method;

public class ApplicationInterceptor extends HandlerInterceptorAdapter {
    /**
     * preHandle 方法是进行处理器拦截用的，顾名思义，该方法将在 Controller
处理之前进行调用
     * SpringMVC 中的 Interceptor 拦截器是链式的，可以同时存在多个 Interceptor
     * 然后 SpringMVC 会根据声明的前后顺序一个接一个地执行
     * 而且所有 Interceptor 中的 preHandle 方法都会在 Controller 方法调用之前调用
     * SpringMVC 的这种 Interceptor 链式结构也是可以进行中断的
     * 这种中断方式是令 preHandle 的返回值为 false，当其返回值为 false 时整个
请求就结束了
     */
    @Override
    public boolean preHandle(HttpServletRequest request, HttpServletResponse response,
Object handler) throws Exception {
        // use reflection to get the method with special annotation
        if (handler instanceof HandlerMethod) {
            HandlerMethod handlerMethod = (HandlerMethod) handler;
            Method method = handlerMethod.getMethod();
            ClearAdminLoginState clearAdminLoginState = method.getAnnotation
(ClearAdminLoginState.class);
```

```
        if (null != clearAdminLoginState) {
            request.getSession().removeAttribute("adminID");
        }
    }
    return true;
    }
}
```

自定义好了拦截器，需要在配置文件 applicationContext.xml 中配置，并加入以下标签。

```
    <!--全局拦截器 -->
<bean id="applicationInterceptor" class="framework.ApplicationInterceptor"/>


    <!--拦截器-->
<mvc:interceptors>
<mvc:interceptor>
<mvc:mapping path="/**"/>
<ref bean="applicationInterceptor"/>
</mvc:interceptor>
</mvc:interceptors>
```

之后的登出接口在 AdminController 中定义：

```
    @RequestMapping(value = "/logout")
@ClearAdminLoginState
public Response logout() {
    return Response.success();
}
```

任务 3.2　客户端实现

 任务目标

记录登录信息，方便以后数据的使用。

 知识准备

微课 3.2
客户端实现

1．SharedPreferences

一个轻量级的存储类，特别适用于保存软件配置参数（是用 XML 文件存放数据，

文件存放在/data/data/<package name>/shared_prefs 目录下）。少量数据需要持久化存储时，开发人员不必用数据库保存数据，原因是数据少，操作数据库效率低下。Android 提供了使用键值对存储数据的 SharedPreferences，也就是说，当保存数据时，需要给相应数据提供一个对应的键，这样在读取数据时，就可以通过这个键把相应的值取出来。而且 SharedPreferences 支持多种不同数据类型的存储，例如，存储的数据类型是整型，那么读出来的数据也是整型；存储的数据是一个字符串，读出来的数据也是一个字符串。

2．使用 SharedPreferences 存储和读取数据的步骤

（1）存储数据

保存数据一般分为以下 4 个步骤。

① 使用 Activity 类的 getSharedPreferences 方法获得 SharedPreferences 对象。

② 使用 SharedPreferences 接口的 edit 方法获得 SharedPreferences.Editor 对象。

③ 通过 SharedPreferences.Editor 接口的 putXXX 方法保存 key-value 对。

④ 通过 SharedPreferences.Editor 接口的 commit 方法保存 key-value 对。

（2）读取数据

读取数据一般分为以下 2 个步骤。

① 使用 Activity 类的 getSharedPreferences 方法获得 SharedPreferences 对象。

② 通过 SharedPreferences 对象的 getXXX 方法获取数据。

3．SharedPreferences 的 4 种创建文件模式

（1）Context.MODE_PRIVATE

默认操作模式，表示 XML 存储文件是私有的，只能在创建文件的应用中访问（如果其他应用和创建该文件的应用具有相同的 uid，也可以直接访问）。

（2）Context.MODE_WORLD_WREADABLE（不建议使用）

开放读模式，表示允许其他应用进程具备对该文件的读权限。Android 官方文档不建议使用该模式，因为这会导致严重的安全漏洞。建议使用更正式的 ContentProvider、Broadcast 和 Service 来共享数据。

（3）Context.MODE_WORLD_WRITABLE（不建议使用）

开放写模式，表示允许其他应用进程具备对该文件的写权限。Android 官方文件不建议使用该模式，因为这会导致严重的安全漏洞。建议使用更正式的 ContentProvider、Broadcast 和 Service 来共享数据。

（4）Context.MODE_APPEND

追加模式，和 openFileOutput 一起使用。该模式下如果文件存在，就往文件末尾进行追加，否则创建新文件。

4．SharedPreferences 的使用

SharedPreferences 用来进行数据存储，包括数据的读和写。数据文件的存储位置位于/data/data/app_pkg_name/shared_prefs/目录下。

（1）数据读

```
SharedPreferences sharedPrefs = getSharedPreferences("demo", mode);
String value = sharedPrefs.getString("key", defaultValue);
```

其中，demo 代表 XML 文件名，mode 代表 4 种创建文件的模式之一。

（2）数据写

```
SharedPreferences sharedPrefs = getSharedPreferences("demo", mode);
SharedPreferences.Editor editor = sharedPrefs.edit();
edit.putString("key", value);
edit.commit();
```

（3）移除指定 key 的数据（由 Editor 对象调用）

```
edit. remove ("key");
```

（4）清空数据（由 Editor 对象调用）

```
edit. clear ();
```

数据写需要借助 Editor 来实现。

 任务实施

（1）打开项目

打开 Android Studio 导入本书提供的配套项目包，或者打开上一章节完成的项目包。

（2）添加登录标示状态

打开 HttpServiceManager.java　添加登录状态标示码，代码如下：

```
    private boolean adminLogin = false;

    public boolean isAdminLogin() {
  return adminLogin;
}

public void setAdminLogin(boolean adminLogin) {
  this.adminLogin = adminLogin;
}
```

（3）新建 LoginActivity

在 com.jarvis.cetc 包下新建 LoginActivity.class，继承 AppCompatActivity，实现 onCreate 方法，代码如下：

```
        public class LoginActivity extends AppCompatActivity {
        @Override
        protected void onCreate(@Nullable Bundle savedInstanceState) {
          super.onCreate(savedInstanceState);
        }
      }
```

（4）注册 Activity

新建的 Activity 需要在 androidmanifest.xml 中进行注册：

```
        <activity android:name=".LoginActivity">
      </activity>
```

（5）绘制登录页面

在 res/layout 目录下新建 activity_login.xml，绘制登录页面。具体代码可见电子资源 activity_login.xml。

（6）调用布局文件

在 LoginActivity 的 onCreate 中设置调用其布局文件，代码如下：

```
setContentView(R.layout.activity_login);
```

（7）添加控件引用，实现对 ButterKnife 初始化操作

打开 LoginActivity.java 类中用 ButterKnife 的方法取得该页面所有控件，代码如下：

```
        private static final String TAG = "LoginActivity";

        @BindView(R.id.admin_login_back)
        ImageButton goBackButton;

        @BindView(R.id.admin_login_button)
        Button adminLoginButton;

        @BindView(R.id.admin_login_form_name)
        EditText loginNameInput;

        @BindView(R.id.admin_login_form_password)
        EditText passwordInput;

        @BindView(R.id.admin_login_wait_progress_bar)
        ProgressBar loginWaitingProgressBar;
```

在 onCreate 中完成对 ButterKnife 的初始化操作：

```
ButterKnife.bind(this);
```

 注意 〉〉〉〉〉》》

此步骤在每个新建页面中必须要操作。

（8）返回键监听

在 onCreate 方法中，完成对左上角"返回"按钮的单击事件监听，实现方法 finish，用来关闭当前登录页面，代码如下：

```
this.goBackButton.setOnClickListener(new View.OnClickListener() {
@Override
public void onClick(View v) {
    //关闭当前页面
    finish();
    }
});
```

（9）构建网络请求

① 网络接口 AdminService。

在 com.jarvis.cetc.service.http 包下，新建 AdminService.java 接口，完整代码如下：

```
public interface AdminService {
@POST("admins/login")
@FormUrlEncoded
Call<JsonResponse> login(
    @Field("adminID") String adminID,
    @Field("password") String password
);
}
```

② 引用 AdminService。

在 HttpServiceManager 定义 AdminService 变量，并生成对应的 get 方法，具体代码实现如下：

```
private final AdminService adminService;
    public AdminService getAdminService() {
    return adminService;
    }
```

在 HttpServiceManager 的构造方法中添加实例化 AdminService 的代码：

```
adminService = retrofit.create(AdminService.class);
```

③ 网络请求接口使用。

打开 LoginActivity.java 类，调用登录方法如下（其中 adminID 代表用户名，password 为用户密码）：

```java
private void doLoginAsync(String adminID, String password) {
    AdminService adminService = HttpServiceManager.getInstance().getAdminService();
    adminService.login(adminID, password).enqueue(new Callback<JsonResponse>() {
        @Override
        public void onResponse(@NonNull Call<JsonResponse> call, @NonNull Response<JsonResponse> response) {
            //网络请求成功时的回调
        }

        @Override
        public void onFailure(@NonNull Call<JsonResponse> call, @NonNull Throwable t) {
            //网络请求失败时的回调
        }
    });
}
```

（10）处理数据

① 当登录失败时，需要封装一个方法来完成页面的展示，具体代码如下：

```java
/**
 * 重置 UI
 */
private void resetUI() {
    //设置按钮不可点击
    adminLoginButton.setEnabled(true);
    adminLoginButton.setText(R.string.login);
    loginWaitingProgressBar.setVisibility(View.INVISIBLE);
}
```

网络请求失败时会执行 onFailure 回调。在此方法里添加错误处理代码：

```java
Log.e(TAG, "login in onFailure: " + t.getMessage());
runOnUiThread(new Runnable() {
    @Override
    public void run() {
        resetUI();
        Toast.makeText(LoginActivity.this, R.string.bad_connection, Toast.LENGTH_SHORT).show();
    }
});
```

② 当登录成功时，需要把登录名保存下来，用作记录登录状态，具体代码如下：

```
        private void saveUserName(){
        //记录当前登录状态
        HttpServiceManager.getInstance().setAdminLogin(true);
        //保存登录名到 SharedPreferences
            SharedPreferences sp = getSharedPreferences("house_demo", Context.MODE_
PRIVATE);
        SharedPreferences.Editor editor = sp.edit();
        editor.putString("name", loginNameInput.getText().toString());
        editor.commit();

    }
```

网络请求成功时会执行 onResponse 回调。在此方法里添加成功处理代码：

```
        JsonResponse jsonResponse = response.body();
    if (jsonResponse == null) {
        Log.e(TAG, "log in onResponse: receive no response body");
    } else {
        //如果返回值 code 为 200 时，表示登录成功
    if (jsonResponse.getCode() == 200) {
        runOnUiThread(new Runnable() {
            @Override
    public void run() {
    // 记录登录信息
    saveUserName();
            Toast.makeText(LoginActivity.this, R.string.login_success, Toast.LENGTH_
SHORT).show();
            }
        });
        } else {
        //登录失败
        runOnUiThread(new Runnable() {
            @Override
    public void run() {
            Toast.makeText(LoginActivity.this, R.string.username_or_password_wrong,
Toast.LENGTH_SHORT).show();
            }
        });
        }
    }
    resetUI();
```

（11）用户操作时进行的网络请求

在 onCreate 方法中，完成对"登录"按钮的单击事件监听，实现登录的网络请求，完成简单的表单验证。代码如下：

```java
adminLoginButton.setOnClickListener(new View.OnClickListener() {
    @Override
    public void onClick(View v) {
        //获取登录名和密码
        String adminID = loginNameInput.getText().toString();
        String password = passwordInput.getText().toString();
        //简单的表单非空验证
        if (adminID.isEmpty()) {
            Toast.makeText(LoginActivity.this, R.string.username_cannot_be_empty, Toast.LENGTH_SHORT).show();
            return;
        } else if (password.isEmpty()) {
            Toast.makeText(LoginActivity.this, R.string.password_cannot_be_empty, Toast. LENGTH_SHORT).show();
            return;
        }
        // 设置"登录"按钮不可点击
        adminLoginButton.setEnabled(false);
        adminLoginButton.setText(R.string.logining);
        loginWaitingProgressBar.setVisibility(View.VISIBLE);
        // 调用登录网络请求
        doLoginAsync(adminID, password);
    }
});
```

（12）创建 menu 菜单

① 打开 MainActivity.java 文件，获取右上角 menu 菜单 view。

```java
@BindView(R.id.list_page_menu_button)
ImageButton menuButton;
```

在 onCreate 方法中添加 menuButton 的单击事件：

```java
menuButton.setOnClickListener(new View.OnClickListener() {
    @Override
    public void onClick(View view) {
    }
});
```

② 绘制菜单页面。

在 res 目录下新建 menu 包，添加 house_list_page_popup_menu_after_admin_login.xml 和 house_list_page_popup_menu.xml，用来展示不同登录状态下显示的 menu 页面。具体代码可见电子资源 menu 文件夹。

③ 用户操作。

● menu 菜单单击事件。

在 onCreate 方法中添加 menuButton 的单击事件实现弹出框的显示，根据不同的登录状态显示不同的弹框。具体代码如下：

```
menuButton.setOnClickListener(new View.OnClickListener() {
    @Override
    public void onClick(View view) {
        PopupMenu popupMenu = new PopupMenu(new ContextThemeWrapper(getBaseContext(),
R.style.popupMenuStyle), view);
        //判断当前的登录状态
        if (HttpServiceManager.getInstance().isAdminLogin()) {
            popupMenu.getMenuInflater().inflate(R.menu.house_list_page_popup_menu_after_
admin_login, popupMenu.getMenu());
        } else {
            popupMenu.getMenuInflater().inflate(R.menu.house_list_page_popup_menu,
popupMenu.getMenu());
        }
        //显示弹出框
        popupMenu.show();

    }
});
```

● 弹出框单击事件。

为 menu 菜单添加 OnMenuItemClickListener 事件，实现菜单中各个按钮的单击事件，代码如下（其中 admin_login_item 代表跳转到登录页面的单击事件，admin_logout_item 代表登出的单击事件，open_admin_page_item 代表跳转到房源管理页面）：

```
popupMenu.setOnMenuItemClickListener(new PopupMenu.OnMenuItemClickListener() {
    @Override
    public boolean onMenuItemClick(MenuItem item) {
        switch (item.getItemId()) {
            case R.id.admin_login_item:
                // 跳转至登录页面

                break;
            case R.id.admin_logout_item:
```

```
                        //"登出"按钮

            break;
            case R.id.open_admin_page_item:
//跳转到管理列表页
            break;
        }
        return true;
    }
});
```

在 case R.id.admin_login_item 下添加跳转登录页面代码：

```
    Intent intent = new Intent(MainActivity.this, LoginActivity.class);
startActivity(intent);
```

（13）登出操作

1）构建网络请求

① 网络接口 AdminService。

打开 AdminService.java 接口，实现代码如下：

```
    @GET("admins/logout")
Call<JsonResponse> logout();
```

② 网络请求接口使用。

打开 MainActivity.class，调用登出方法：

```
    private void doAdminLogoutAsync() {
    final HttpServiceManager httpServiceManager = HttpServiceManager.getInstance();
    httpServiceManager.getAdminService().logout().enqueue(new Callback <JsonResponse>() {
    @Override
    public void onResponse(@NonNull Call<JsonResponse> call, @NonNull Response
<JsonResponse> response) {
        //网络请求成功的回调
        }
    @Override
    public void onFailure(@NonNull Call<JsonResponse> call, @NonNull Throwablet) {
        //网络请求失败的回调
        }
    });
}
```

2）处理数据

① 网络请求失败时会执行 onFailure 回调。在此方法里添加错误处理代码：

```
    runOnUiThread(new Runnable() {
    @Override
    public void run() {
        Toast.makeText(MainActivity.this, R.string.bad_connection, Toast.LENGTH_
SHORT).show();
    }
});
```

② 登出成功时，需要清除本地存在 SharedPreferences 中的数据，代码如下：

```
    private void clearData(){
    //设置当前为非登录状态
    HttpServiceManager.getInstance().setAdminLogin(false);
    //清除 SharedPreferences 里登录名信息
SharedPreferences sp = getSharedPreferences("house_demo", Context.MODE_
PRIVATE);
    SharedPreferences.Editor editor = sp.edit();
    editor.remove("name");
    editor.commit();
}
```

网络请求成功时会执行 onResponse 回调。在此方法里添加成功处理代码：

```
    httpServiceManager.clearCookies();
clearData();
Toast.makeText(MainActivity.this, R.string.logout_success, Toast.LENGTH_
SHORT).show();
```

③ 用户操作时进行的网络请求。

打开 MainActivity.class 文件，在 onMenuItemClick 方法下添加调用登出代码：

```
case R.id.admin_logout_item:
doAdminLogoutAsync();
break;
```

 # 项目总结

本项目演示完成了登录和登出操作的开发。重点讲述了 SpringMVC 的拦截器的使用，涉及 Java 注解的 Retention 与 Target 相关知识，巧妙地使用了 SharedPreferences 保存相关信息。读者可以自行扩展登录操作的使用，实现完善的登录体验。

项目实训

【实训题目】

完善登录表单验证，登出操作给予警告框提示。

【实训目的】

了解常规开发登录功能中登录名和密码的校验，登出操作给予警告框提示防止用户误操作。

项目4

注册

 学习目标

本项目主要完成以下学习目标：

● 熟练使用 Retrofit 网络框架完成网络请求操作。

项目描述

当房产中介管理员没有登录账号时，客户端调用服务器端的注册接口进行注册操作。注册一个登录账号，以供登录使用，实现效果如图 1-1-5 所示。

任务 4.1　服务器端实现

微课 4.1
服务器端实现

任务目标

- 为前端提供一个注册的接口，实现后台往数据库中的表 Admin 插入一条数据。
- 注册时需要检查 ID 是否已经存在。

知识准备

参考项目 3 的知识准备内容。

任务实施

① 由于要进行对数据库表 Admin 的插入操作。首先需要在 AdminDao 中进行方法的定义：

```
//增
void add(Admin admin);

//按 ID 查询
Admin queryOne(String ID);
```

② AdminDaoImpl 实现以上定义的 2 个方法：

```
    @Override
public void add(Admin admin) {
    sessionFactory.getCurrentSession().persist(admin);
}

    @Override
public Admin queryOne(String ID) {
    return sessionFactory.getCurrentSession().get(Admin.class, ID);
}
```

③ 在 AdminController 里面进行具体控制：

```
@RequestMapping(value = "/register", method = RequestMethod.POST)
```

```
public Response register(@RequestParam String adminID, @RequestParam String
password) {
    if (adminDao.queryOne(adminID) == null) {
        //注册
        Admin admin = new Admin();
        admin.setUserID(adminID);
        admin.setPassword(password);
        adminDao.add(admin);
        return Response.success();
    }else {
        return Response.error("用户 ID 已存在，请重试!");
    }
}
```

任务 4.2　客户端实现

任务 4.2
客户端实现

 任务目标

当在进行网络请求时，给予 loading 等待框的提示。

 知识准备

微课 4.2
客户端实现

1．ProgressBar

ProgressBar 是进度条组件，通常用于向用户展示某个耗时操作完成的进度，而不让用户感觉程序失去了响应，从而更好地提升用户界面的友好性。

从官方文档上看，为了适应不同的应用环境，Android 内置了几种风格的进度条，可以通过 Style 属性设置 ProgressBar 的风格。其具有如下属性。

- @android:style/Widget.ProgressBar.Horizontal：水平进度条（可以显示刻度，常用）。
- @android:style/Widget.ProgressBar.Small：小进度条。
- @android:style/Widget.ProgressBar.Large：大进度条。
- @android:style/Widget.ProgressBar.Inverse：不断跳跃、旋转画面的进度条。
- @android:style/Widget.ProgressBar.Large.Inverse：不断跳跃、旋转动画的大进度条。
- @android:style/Widget.ProgressBar.Small.Inverse：不断跳跃、旋转动画的小进度条。

2．ProgressBar 使用方法

```
<ProgressBar
android:id="@+id/pbNormal"
android:layout_width="match_parent"
```

```
android:layout_height="wrap_content"
    />
```

 任务实施

（1）打开项目

打开 Android Studio 导入本书提供的配套项目包，或者打开上一项目已经完成的项目包。

（2）新建 RegistActivity

在 com.jarvis.cetc 包下新建 RegistActivity.class。继承 AppCompatActivity，实现 onCreate 方法，代码如下：

```
public class RegistActivity extends AppCompatActivity {
    @Override
    protected void onCreate(@Nullable Bundle savedInstanceState) {
    super.onCreate(savedInstanceState);
    }
}
```

（3）注册 Activity

新建的 Activity 需要在 androidmanifest.xml 中进行注册。

```
<activity android:name=".RegistActivity">
</activity>
```

（4）绘制注册页面

在 res/layout 目录下新建 activity_regist.xml，绘制注册页面。具体代码可见电子资源 activity_ regist.xml。

（5）调用布局文件

在 RegistActivity 的 onCreate 中设置调用其布局文件，代码如下：

```
setContentView(R.layout.activity_regist);
```

（6）添加控件引用，实现对 ButterKnife 初始化操作

打开 RegistActivity.java 类，用 ButterKnife 的方法取得该页面所有控件，代码如下：

```
private static final String TAG = "RegistActivity";
@BindView(R.id.admin_regist_back)
ImageButton goBackButton;

@BindView(R.id.admin_regist_button)
```

```
Button adminRegistButton;

@BindView(R.id.admin_regist_form_name)
EditText registNameInput;

@BindView(R.id.admin_regist_form_password)
EditText passwordInput;

@BindView(R.id.admin_regist_wait_progress_bar)
ProgressBar registWaitingProgressBar;
```

在 onCreate 中完成对 ButterKnife 的初始化操作。

```
ButterKnife.bind(this);
```

**注意** 》》》》》》》——————————————

此步骤在每个新建页面里必须要操作。

（7）返回键监听

在 onCreate 方法中，完成对左上角"返回"按钮的单击事件的监听，实现方法 finish，用来关闭当前注册页面，代码如下：

```
    this.goBackButton.setOnClickListener(new View.OnClickListener() {
        @Override
    public void onClick(View v) {
        //关闭当前页面
        finish();
      }
    });
```

（8）构建网络请求

① 网络接口 AdminService。

打开 AdminService.java 接口，实现代码如下：

```
    @POST("admins/register")
@FormUrlEncoded
Call<JsonResponse> regist(
        @Field("adminID") String adminID,
        @Field("password") String password
);
```

② 网络请求接口使用。

打开 RegistActivity.java 类，调用注册方法（其中 adminID 代表用户名，password 为

用户密码):

```
        private void doRegistAsync(String adminID, String password) {
    AdminService adminService = HttpServiceManager.getInstance().getAdminService();
    adminService.regist(adminID, password).enqueue(new Callback<JsonResponse>() {
        @Override
    public void onResponse(@NonNull Call<JsonResponse> call, @NonNull Response
<JsonResponse> response) {
    //网络请求成功回调
        }

        @Override
    public void onFailure(@NonNull Call<JsonResponse> call, @NonNull Throwable t) {
        //网络请求失败回调
        }
    });
}
```

(9) 处理数据

① 当注册失败时，需要封装一个方法来完成页面的展示，具体代码如下：

```
    /**
    * 重置 UI
    */
    private void resetUI() {
        //设置"注册"按钮可以点击
    adminRegistButton.setEnabled(true);
    adminRegistButton.setText(R.string.regist);
    registWaitingProgressBar.setVisibility(View.INVISIBLE);
    }
```

网络请求失败时会执行 onFailure 回调。在此方法里添加错误处理代码：

```
        Log.e(TAG, "regist onFailure: " + t.getMessage());
    runOnUiThread(new Runnable() {
        @Override
    public void run() {
        resetUI();
        Toast.makeText(RegistActivity.this, R.string.bad_connection, Toast.LENGTH_
SHORT).show();
        }
    });
```

② 网络请求成功时，会执行 onResponse 回调。在此方法中添加成功处理代码：

```java
    final JsonResponse jsonResponse = response.body();
if (jsonResponse == null) {
   Log.e(TAG, "log in onResponse: receive no response body");
} else {
    //返回值 code 为 200，表示注册成功
if (jsonResponse.getCode() == 200) {
    runOnUiThread(new Runnable() {
        @Override
public void run() {
//注册成功，返回到登录页
Toast.makeText(RegistActivity.this, R.string.regist_success, Toast.LENGTH_SHORT).
show();
        finish();
      }
    });
  } else {
runOnUiThread(new Runnable() {
        @Override
public void run() {
    //注册失败
        resetUI();
Toast.makeText(RegistActivity.this, jsonResponse.getMessage(), Toast.LENGTH_
SHORT).show();
      }
    });
  }
}
```

（10）用户操作时进行的网络请求

在 onCreate 方法中，完成对"注册"按钮的单击事件的监听，实现注册的网络请求，完成简单的表单验证。代码如下：

```java
    adminRegistButton.setOnClickListener(new View.OnClickListener() {
  @Override
public void onClick(View v) {
    //获取用户名和密码
    String adminID = registNameInput.getText().toString();
    String password = passwordInput.getText().toString();
    //简单的表单非空判断
if (adminID.isEmpty()) {
```

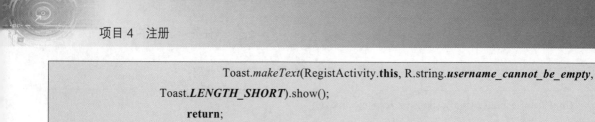

```
              Toast.makeText(RegistActivity.this, R.string.username_cannot_be_empty,
Toast.LENGTH_SHORT).show();
    return;
      } else if (password.isEmpty()) {
              Toast.makeText(RegistActivity.this, R.string.password_cannot_be_empty,
Toast.LENGTH_SHORT).show();
    return;
      }
// 设置按钮不可点击
adminRegistButton.setEnabled(false);
adminRegistButton.setText("正在注册");
registWaitingProgressBar.setVisibility(View.VISIBLE);
// 调用注册网络请求
doRegistAsync(adminID, password);
    }
});
```

（11）页面跳转功能实现

打开 LoginActivity.java 文件，为"注册"按钮添加单击事件，实现跳转到注册页面功能，代码如下：

```
    @BindView(R.id.admin_regist_button)
Button admin_regist_button;
```

在 onCreate 方法中添加代码：

```
    this.admin_regist_button.setOnClickListener(new View.OnClickListener() {
    @Override
    public void onClick(View v) {
    Intent intent = new Intent(LoginActivity.this, RegistActivity.class);
    startActivity(intent);
    }
});
```

 ## 项目总结

本项目演示完成了登录页面的开发。通过完成本项目的任务，更加熟练掌握 Retrofi 网络框架技术的使用。读者可以自行完善登录操作，实现多信息的录入功能，达到注册功能的完美状态。

项目实训

【实训题目】

完成注册时用户名和密码格式的约束。

【实训目的】

了解常规开发注册功能中应该禁止的用户名和密码。

项目 5

管理列表

 学习目标

本项目主要完成以下学习目标：

- 熟练使用 SwipeMenuListView 实现列表侧滑操作。

- 了解并能使用 Spring 的自定义参数解析器 HandlerMethod
  ArgumentResolver。

项目描述

客户端调用服务器端的获取中介管理员添加的所有房源列表接口，展示出该管理员自己添加的所有房源列表信息。管理员可以通过左滑操作对每一条数据进行删除管理或实时直播操作。实现效果如图 1-1-6 和图 1-1-8 所示。

任务 5.1 服务器端实现

任务 5.1
服务器端实现

任务目标

微课 5.1
服务器端实现

- 提供按管理员用户 ID 查询所有房源，实现所有房源可管理的展示。
- 为管理员用户新增房源提供接口，满足在数据库的 house 表中新增一个房源信息，新增会涉及封面图片和录播全景视频的检查。
- 管理员能根据房源的 ID 进行房源删除。
- 进行房源新增和删除，都是根据管理员 ID 操作的，在操作前首先要检查管理员 ID 是否为空。

知识准备

SpringMVC 接口 HandlerMethodArgumentResolver

使用 HandlerMethodArgumentResolver 接口只有以下两个方法。

- boolean supportsParameter(MethodParameter parameter);

该方法判断是否支持要转换的参数类型。通过该方法，如果需要对某个参数进行处理只要此处返回 true 即可，通过 MethodParameter 可以获取该方法参数上的一些信息，如方法参数中的注解信息等。

- Object resolveArgument(MethodParameter parameter,ModelAndViewContainer mav
  Container,NativeWebRequest webRequest, WebDataBinderFactory binderFactory) throws
  Exception;

该方法实现当支持后进行相应的转换。supportsParameter 用于判定是否需要处理该参数分解，返回 true 为需要，并会调用下面的方法 resolveArgument。resolveArgument 是真正用于处理参数分解的方法，是对参数的解析，返回的 Object 就是 controller 方法上的形参对象，它会自动赋值到参数对象中。

任务实施

对于有些操作，需要鉴定当前用户的 ID 是不是属于管理员的 ID，这里用到了 HandlerMethodArgumentResolver 接口来进行处理。

① 在 annotation 包下新建一个注解 LoginAdminID，如图 5-1-1 所示。

图 5-1-1
新建注解 LoginAdminID

```
    package annotation;

import java.lang.annotation.ElementType;
import java.lang.annotation.Retention;
import java.lang.annotation.RetentionPolicy;
import java.lang.annotation.Target;

@Target(ElementType.PARAMETER)
@Retention(RetentionPolicy.RUNTIME)
public @interface LoginAdminID {
}
```

② 在 framework 下新建一个 LoginAdminArgumentResolver 来实现 HandlerMethod
ArgumentResolver，进行自定义的数据绑定。

LoginAdminArgumentResolver.java 代码如下：

```
    package framework;

import annotation.LoginAdminID;
import org.springframework.core.MethodParameter;
import org.springframework.web.bind.support.WebDataBinderFactory;
import org.springframework.web.context.request.NativeWebRequest;
import org.springframework.web.method.support.HandlerMethodArgumentResolver;
import org.springframework.web.method.support.ModelAndViewContainer;

import javax.servlet.http.HttpServletRequest;

public class LoginAdminArgumentResolver implements HandlerMethodArgumentResolver {

  @Override
  public boolean supportsParameter(MethodParameter parameter) {
      //查找参数中是否含有@LoginAdminID 注解
      return parameter.hasParameterAnnotation(LoginAdminID.class);
  }
```

```
                    @Override
              public Object resolveArgument(MethodParameter parameter,
                          ModelAndViewContainer mavContainer,
                          NativeWebRequest webRequest,
                          WebDataBinderFactory binderFactory) throwsException {
                  // if the system is large enough, we may need redis rather than session to record
the state of admin login
                  String loginAdminID = (String) webRequest.getNativeRequest(HttpServletRequest.
class).getSession().getAttribute("adminID");
                  if (loginAdminID == null) {
                      throw new IllegalAccessException("当前用户不是管理员！ ");
                  }
                  return loginAdminID;
              }
          }
```

③ 此时需要在配置文件中进行配置 applicationContext.xml，在 mvc:annotation-driver
标签中新增 mvc:argument-resolvers，代码如下：

```
      <!--开启注解 -->
<mvc:annotation-driven>
<mvc:argument-resolvers>
<!--自动注入管理员登录参数-->
<bean class="framework.LoginAdminArgumentResolver"/>
</mvc:argument-resolvers>
</mvc:annotation-driven>
```

如此，使用到交互参数管理员 ID 时，就可以使用@LoginAdminID 来进行注解。

④ 管理列表首先需要提供一个按照管理员 ID 查询房源的接口，实现对房源可以展
示和删除的操作。这里要新增以下几个对于房源进行操作的方法，在 HouseDao.java 代码
中添加：

```
// 按照房源 ID 和管理员 ID 进行房源信息的删除
void deleteManaged(int ID, String adminID);
//按管理员 ID 查询其名下可管理房源
List<House> queryManaged(String adminID);
HouseDaoImpl 方法的实现：
    @Override
public void deleteManaged(int ID, String adminID) {
  String hql = "delete from House where houseID = ? and admin.userID = ?";
  sessionFactory.getCurrentSession().createQuery(hql)
        .setParameter(0, ID)
```

```
            .setParameter(1, adminID)
            .executeUpdate();
}


@Override
public List<House> queryManaged(String adminID) {
    String hql = "select new House(houseID,title,location,price,h.size,contact,cover
PictureURI,pushUrl,pullUrl) " +
            "from House h where h.admin.id = ?";
    List<House> houses = sessionFactory.getCurrentSession().createQuery(hql, House.class)
            .setParameter(0, adminID)
            .getResultList();
    return houses;

}
```

⑤ 在 HousesInfoController 控制器中进行编辑，为前台提供对应的接口。

```
    @RequestMapping(value = "/delete/{houseID}", method = RequestMethod.DELETE)
public Response delete(@LoginAdminID String adminID, @PathVariable int houseID) {
    houseDao.deleteManaged(houseID, adminID);
    return Response.success();
}


@RequestMapping(value = "/managed")
public Response queryAdminManaged(@LoginAdminID String adminID) {
    return new Response<>(200, null, houseDao.queryManaged(adminID));
}
```

任务 5.2　客户端实现

 任务目标

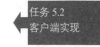
任务 5.2
客户端实现

在列表中进行左滑操作，显示出"删除"按钮和"直播"按钮。

 知识准备

SwipeMenuListView

管理员列表需要左滑删除功能，Android 原生无 **SwipeMenuListView** 控件，需要自
行实现，可以参考开源项目https://github.com/baoyongzhang/SwipeMenuListView。
具体的实现操作如下。

① 添加布局代码。

在需要使用该效果的布局文件中添加如下代码：

微课 5.2
客户端实现

```xml
<com.baoyz.swipemenulistview.SwipeMenuListView
    android:id="@+id/listView"
    android:layout_width="match_parent"
    android:layout_height="match_parent" />
```

② 生成一个菜单创建器。

生成一个菜单创建器，在其中生成菜单项，并且将其添加进菜单中，此处的菜单为侧滑具体的列表项之后显示出来的视图。

```java
SwipeMenuCreator creator = new SwipeMenuCreator() {

    @Override
    public void create(SwipeMenu menu) {
        // create "open" item
        SwipeMenuItem openItem = new SwipeMenuItem(
                getApplicationContext());
        // set item background
        openItem.setBackground(new ColorDrawable(Color.rgb(0xC9, 0xC9,
                0xCE)));
        // set item width
        openItem.setWidth(dp2px(90));
        // set item title
        openItem.setTitle("Open");
        // set item title fontsize
        openItem.setTitleSize(18);
        // set item title font color
        openItem.setTitleColor(Color.WHITE);
        // add to menu
        menu.addMenuItem(openItem);

        // create "delete" item
        SwipeMenuItem deleteItem = new SwipeMenuItem(
                getApplicationContext());
        // set item background
        deleteItem.setBackground(new ColorDrawable(Color.rgb(0xF9,
                0x3F, 0x25)));
        // set item width
        deleteItem.setWidth(dp2px(90));
        // set a icon
        deleteItem.setIcon(R.drawable.ic_delete);
        // add to menu
        menu.addMenuItem(deleteItem);
```

```
    }
};
```

为列表设置创建器：

```
mListView.setMenuCreator(creator);
```

③ 为 ListView 设置菜单项点击监听器，监听菜单项的点击事件。

```
listView.setOnMenuItemClickListener(new OnMenuItemClickListener() {
    @Override
    public boolean onMenuItemClick(int position, SwipeMenu menu, int index) {
            switch (index) {
            case 0:
                // open
                break;
            case 1:
                // delete
                break;
            }
            // false : close the menu; true : not close the menu
            return false;
        }
});
```

任务实施

（1）打开项目

打开 Android Studio 导入本书提供的配套项目包，或者打开上一项目完成的项目包。

（2）导入该任务需要使用的开源项目

打开 app 目录下的 build.gradle 文件，在 dependencies 字段下添加代码：

```
compile'com.baoyz.swipemenulistview:library:1.3.0'
```

注意 》》》》》》》

① 此处的开源项目包版本比较低，需要将 app 目录下的 compileSdkVersion 和 targetSdkVersion 版本都改成 25。

② 将 dependencies 下引用的 appcompat-v7 改为 25.1.0。具体代码为：

```
implementation 'com.android.support:appcompat-v7:25.1.0'
```

（3）新建 DensityUtil

新建 com.jarvis.cetc.util 包和 DensityUtil.java 类，该类是可将 dip 单位转换成 px 的工

具类，具体代码可见电子资源 DensityUtil. java。

（4）新建 AdminActivity

在 com.jarvis.cetc 包下新建 AdminActivity.class。继承 AppCompatActivity，实现 onCreate 方法，代码如下：

```
public classAdminActivity extends AppCompatActivity {
@Override
protected void onCreate(@Nullable Bundle savedInstanceState) {
super.onCreate(savedInstanceState);
   }
}
```

（5）注册 Activity

新建的 Activity 需要在 androidmanifest.xml 中进行注册。

```
<activity android:name=".AdminActivity">
</activity>
```

（6）绘制管理列表页面

在 res/layout 目录下新建 activity_admin.xml，绘制管理页面。具体代码详见电子资源 activity_ admin.xml。

（7）调用布局文件

在 AdminActivity 的 onCreate 中设置调用其布局文件，代码如下：

```
setContentView(R.layout.activity_admin);
```

（8）添加控件引用，实现对 ButterKnife 初始化操作

打开 AdminActivity.java 类中用 ButterKnife 的方法取得该页面所有控件，代码如下：

```
private static final String TAG = "AdminActivity";

@BindView(R.id.admin_house_list)
SwipeMenuListView adminHouseList;
@BindView(R.id.admin_back)
ImageButton admin_back;
在 onCreate 中完成对 ButterKnife 的初始化操作。
ButterKnife.bind(this);
```

 **注意** 》》》》》》》
此步骤在每个新建页面中必须要操作。

（9）新建初始化 initUI 方法

```
    /**
  * 初始化 UI
  */
private void initUI() {

}
```

完成页面初始化工作，在 onCreate 中调用，代码如下：

```
initUI();
```

（10）初始化列表

为列表添加两个左滑出现的操作按钮，在 initUI()方法中添加如下代码：

```
    private void initUI() {
    SwipeMenuCreator creator = new SwipeMenuCreator() {
    @Override
    public void create(SwipeMenu menu) {
    //设置侧滑"删除"按钮
    SwipeMenuItem deleteItem = new SwipeMenuItem(
    getApplicationContext());
// 设置背景色
deleteItem.setBackground(new ColorDrawable(Color.rgb(0xF9, 0x3F, 0x25)));
// 设置按钮宽度
deleteItem.setWidth(DensityUtil.dp2px(getApplicationContext(), 90));
// 设置 icon
deleteItem.setIcon(R.drawable.ic_delete_forever_white);
menu.addMenuItem(deleteItem);

    //设置侧滑"直播"按钮
SwipeMenuItem liveItem = new SwipeMenuItem(
    getApplicationContext());
//设置背景色
liveItem.setBackground(new ColorDrawable(Color.rgb(0xa1, 0x3F, 0x25)));
    // 设置按钮宽度
liveItem.setWidth(DensityUtil.dp2px(getApplicationContext(), 90));
// 设置 icon
liveItem.setIcon(R.drawable. ic_3d_rotation_white);
menu.addMenuItem(liveItem);
    }
```

```
};
adminHouseList.setMenuCreator(creator);
adminHouseList.setCloseInterpolator(new BounceInterpolator());
    }
```

（11）新增添加房源按钮

① 在 res/layout 目录下新建 add_more_footer.xml，绘制"添加房源"按钮 View，具体代码见电子资源 add_more_footer.xml。

② 以添加 footView 的形式在 AdminActivity.java 的 initUI()方法中添加代码：

```
adminHouseList.addFooterView(LayoutInflater.from(this).inflate(R.layout.
add_more_footer, null));
```

（12）返回键监听

在 onCreate 方法中，完成对左上角"返回"按钮单击事件的监听，实现方法 finish，用来关闭当前管理列表页面，代码如下：

```
this. admin_back.setOnClickListener(new View.OnClickListener() {
  @Override
public void onClick(View v) {
    //关闭当前页面
    finish();
  }
});
```

（13）构建列表数据，这里可以复用首页的适配器

```
private HouseListAdapter houseListAdapter;
```

在 onCreate 方法中实例化该适配器，添加代码如下：

```
houseListAdapter = new HouseListAdapter(this);
adminHouseList.setAdapter(this.houseListAdapter);
```

（14）构建网络请求

① 网络接口 AdminService。

打开 AdminService.java 接口，实现代码如下：

```
@GET("houses/managed")
Call<JsonResponse<List<House>>> queryManagedHousesList();
```

② 网络请求接口使用。

打开 AdminActivity.class，调用获取管理房源列表的方法：

```
    private void loadHouseAsyncHelp() {
HttpServiceManager.getInstance().getAdminService().queryManagedHousesList().enqu-
eue(new Callback<JsonResponse<List<House>>>() {
        @Override
    public void onResponse(Call<JsonResponse<List<House>>> call, Response<JsonResponse
<List<House>>> response) {
        //网络请求成功的回调
            }

        @Override
    public void onFailure(Call<JsonResponse<List<House>>> call, Throwable t) {
        //网络请求失败的回调
            }
    });
    }
```

（15）处理数据

① 网络请求失败时会执行 onFailure 回调。在此方法中添加错误处理代码：

```
    Log.d(TAG, "refreshHouseAsync onFailure: connection error", t);
runOnUiThread(new Runnable() {
    @Override
    public void run() {
        Toast.makeText(AdminActivity.this, R.string.bad_connection, Toast.LENGTH_SHORT).
show();
        }
    });
```

② 请求成功。

网络请求成功时会执行 onResponse 回调。在此方法中添加成功处理代码：

```
    JsonResponse<List<House>> body = response.body();
if (body == null) {
    Log.e(TAG, "loadHouseAsyncHelp onResponse: no response body");
    return;
    }
    //当返回值不是 200 时
if (body.getCode() != 200) {
    Log.e(TAG, "loadHouseAsyncHelp onResponse: " + body.getMessage());
    HttpServiceManager.getInstance().clearCookies();
    finish();
    return;
    }
```

```
         //返回值是 200，表示请求到数据
         List<House> houses = body.getData();
         if (houses.isEmpty()) {
           runOnUiThread(new Runnable() {
             @Override
         public void run() {
               Toast.makeText(AdminActivity.this, R.string.no_data, Toast.LENGTH_SHORT).
show();
             }
           });
         return;
         }
             //添加数据到列表显示
         houseListAdapter.clearHouses();
         houseListAdapter.addHouses(houses);
```

（16）用户操作时进行的网络请求

在 AdminActivity 的 onResume 方法中调用获取管理房源列表方法，以此获得数据：

```
     @Override
   protected void onResume() {
     super.onResume();
     loadHouseAsyncHelp();
   }
```

（17）页面跳转功能实现

① 首页弹出框跳转。

在首页，如果是登录状态，右上角有个进入管理页的按钮。打开 MainActivity.class
文件，在 onMenuItemClick 方法中添加调用跳转代码：

```
     caseR.id.open_admin_page_item:
     Intent i = new Intent(MainActivity.this, AdminActivity.class);
     startActivity(i);
   break;
```

② 登录成功跳转。

登录成功时也需要跳转到管理页。打开 LoginActivity.class 方法，在 doLoginAsync 执
行网络请求成功的 onResponse 的 run 方法中添加代码：

```
     Intent intent = new Intent(LoginActivity.this, AdminActivity.class);
   startActivity(intent);
   finish();
```

（18）删除房源操作

① 数据操作。

打开 HouseListAdapter.class 类，添加获取房源 id 和删除房源数据的方法，代码如下：

```
    public void removeHouse(int position) {
houseList.remove(position);
  notifyDataSetChanged();
}

    public int getHouseID(int position){
return houseList.get(position).getHouseID();
}
```

② 构建网络请求。

网络接口 AdminService：打开 AdminService.java 接口，实现代码如下：

```
    @DELETE("houses/delete/{houseID}")
Call<JsonResponse> deleteManagedHouses(
    @Path("houseID") int houseID
);
```

网络请求接口使用：打开 AdminActivity.class，调用删除房源的方法（其中 position 为该条数据在 list 列表中的位置）：

```
private void deleteHouseAsyncHelp(final int position) {
int houseId=houseListAdapter.getHouseID(position);
    HttpServiceManager.getInstance().getAdminService().deleteManagedHouses
(houseId).enqueue(new Callback<JsonResponse>() {
    @Override
public void onResponse(Call<JsonResponse> call, Response<JsonResponse> response) {
//网络请求成功的回调
    }

    @Override
public void onFailure(Call<JsonResponse> call, Throwable t) {
//网络请求失败的回调
    }
  });
}
```

③ 处理数据。

网络请求失败时会执行 onFailure 回调。在此方法中添加错误处理代码：

```
    Log.d(TAG, "deleteHouseAsyncHelp onFailure: connection error", t);
runOnUiThread(new Runnable() {
```

```
        @Override
    public void run() {
        Toast.makeText(AdminActivity.this, R.string.bad_connection, Toast.LENGTH_SHORT).
show();
      }
    });
```

网络请求成功时会执行 onResponse 回调。在此方法中添加成功处理代码：

```
        JsonResponse body = response.body();
    if (body == null || body.getCode() != 200) {
      Log.e(TAG, "delete house onResponse: server delete fail");
      runOnUiThread(new Runnable() {
        @Override
      public void run() {
          Toast.makeText(AdminActivity.this, R.string.delete_house_success, Toast.
LENGTH_SHORT).show();
        }
      });
    } else {
        //删除成功时
    houseListAdapter.removeHouse(position);
      runOnUiThread(new Runnable() {
        @Override
      public void run() {
          Toast.makeText(AdminActivity.this, R.string.delete_house_success, Toast.
LENGTH_SHORT).show();
        }
      });
    }
```

④ 用户操作时进行的网络请求。

在 onCreate 方法中添加侧滑出现的按钮单击事件，代码如下：

```
        adminHouseList.setOnMenuItemClickListener(new SwipeMenuListView.OnMenuItem
ClickListener() {
    @Override
    public boolean onMenuItemClick(int position, SwipeMenu menu, int index) {
    return false;
      }
    });
```

添加"删除"按钮的单击事件，在 onMenuItemClick 方法中添加：

```
    if(index == 0) {
    deleteHouseAsyncHelp(position);
}
```

项目总结

本项目演示完成了管理列表页面的开发，详细介绍了 SwipeMenuListView 实现列表侧滑操作，涉及 Spring 的自定义参数解析器 HandlerMethodArgumentResolver 技术。读者可以优化该列表展示页面，与房源列表页区分出来，方便中介管理员对房源的管理。

项目实训

【实训题目】

更新房源信息。

【实训目的】

侧滑添加第 3 个按钮，实现编辑房源信息，达到更新房源的效果。

项目6 / 录播功能

PPT 项目 6：录播功能

 学习目标

本项目主要完成以下学习目标：

● 熟练使用 Insta360 摄像头的 SDK 完成视频的录播。

项目描述

中介管理员通过调用 Insta360 摄像头，录制需要展示的全景视频。实现效果如图 1-1-9和图 1-1-10 所示。

任务 6.1　客户端实现

任务 6.1
客户端实现

任务目标

完成全景视频的录制功能。

知识准备

微课 6.1
客户端实现

1. 全景视频接口

使用 Insta360 摄像头提供的官方 SDK 完成视频的录播，大致流程如图 6-1-1 所示，其包括开启相机→开启流→开启录制→停止录制。

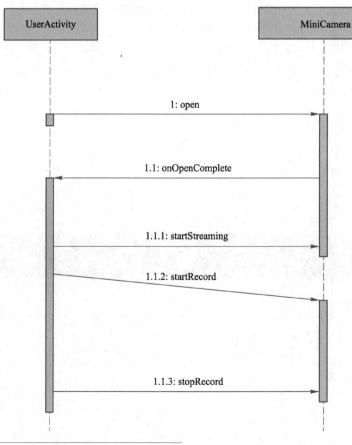

图 6-1-1
视频的录播的流程

（1）Android Studio 依赖配置

在 Project 的 build.gralde 中配置仓库地址：

```
maven {
url 'http://nexus.arashivision.com:9999/repository/maven-releases/'
credentials {
username = 'deployment'
password = 'test123'
    }
}
```

在 app 的 build.grale 中加入库依赖：

```
// native libs utils
compile 'com.arashivision.nativeutils:nativeutils:1.0.8'
// camera control/preview/media framework
compile 'com.arashivision.minicamera:minicamera:2.14.5'
compile 'com.arashivision.nativelibs:cppshared:10e.16.0'
compile 'com.arashivision.nativelibs:arffmpeg:3.6.2'
compile 'com.arashivision.arplayer:arplayer:5.2.3-d'
compile 'com.arashivision.arcompose:arcompose:4.6.10'
// render sdk needs
compile 'com.google.code.gson:gson:2.4'
compile 'com.insta360.sdk:insta360utils:2.2.6'
compile 'com.insta360.sdk:insta360render:3.6.0'
```

（2）Camera API

以下只做简略说明，API 详细说明和注意事项请参考附件 doc/CameraControl/AirDoc/index.html。

- 打开相机。

```
public void open(java.lang.String panoOffset)
```

- 关闭相机。

```
public void close()
```

- 开启相机预览流，相机进入工作状态。

```
public int startStreaming()
```

- 关闭相机流。

```
public void stopStreaming()
```

● 设置预览 Surface。

```
public void setSurface(android.view.Surface surface)
```

● 设置视频参数给相机。

```
public void setVideoParam(int videoWidth,
int videoHeight,
int fps,
int format,
int bitrate,
                TimestampCarryOption timestampCarryOption)
```

● 传递拼接参数，应用于预览流拼接。

```
public void updatePanoOffset(java.lang.String panoOffset)
```

● 拍照（双球原片）。

```
public void captureStillImage(java.lang.String path)
```

● 录制拼接好的视频（设置本地地址、MP4 格式），或者直播（设置 RTMP 地址、FLV 格式）。

```
public void startRecord(int width,
int height,
int fps,
int bitrate,
java.lang.String format,
java.lang.String videoType,
java.lang.String path)
```

● 录制双球原片。

```
public void startOriginalRecord(java.lang.String path)
```

● 停止录制。

```
public void stopRecord()
```

● 取消直播、录制。

```
public void resetRecord()
```

● 打开声音录制（录制视频时同步录制音频到文件）。

```
public void enableRecordAudio(boolean enable)
```

● 从相机中读取拼接参数。

```
public java.lang.String readCameraPanoOffset()
throws CameraIOException,
                    UsbIOException
```

● 回调 interface：Callbacks。

Callbacks 中方法被 post 传递给 MiniCamera 的 Handler 上执行。

如果 Handler 为 null，会在 Camera 内部线程中执行，这种情况下，不能在 Callback 方法中执行耗时操作。

（3）Camera API 方法

● voidonDetached()。

当相机拔离手机时会执行此回调。

● voidonError(int err, int data, java.lang.String description)。

当相机出错时会执行此回调。

● void onOpenComplete()。

当相机成功打开时会执行此回调。

● voidonPhotoCaptured(int err, java.lang.String path)。

做截屏操作时会执行此回调。

● voidonRecordComplete(RecordType recordType)。

当停止直播或录播时会执行此回调。

● void onRecordError(RecordType recordType)。

当直播或录播出错时会执行此回调。

● voidonStillImageCaptured(int err, java.lang.String path)。

当遇到截屏图片已存在时会执行此回调。

注意 ››››››››

open、stopRecord、captureStillImage 是非阻塞接口，方法不会等待操作完成才返回，操作完成通过回调通知。

2．EventBus

（1）概述

EventBus 是一个 Android 事件发布/订阅框架，通过解耦发布者和订阅者简化 Android 事件传递，这里的事件可以理解为消息。事件传递既可以用于 Android 四大组件间通信，也可以用于异步线程和主线程间通信等。

传统的事件传递方式包括 Handler、BroadcastReceiver、Interface 回调，相比之下，EventBus 的优点是代码简洁、使用简单，并将事件发布和订阅充分解耦。

（2）概念

EventBus 原理如图 6-1-2 所示。

● 事件 Event：又可成为消息，其实就是一个对象，可以是网络请求返回的字符串，也可以是某个开关状态等。事件类型 EventType 是指事件所属的 Class。事件分为一般事件和 Sticky 事件。相对于一般事件，Sticky 事件的不同之处在于，当事件发布后，再有订阅者开始订阅该类型事件，依然能收到该类型事件的最近一个 Sticky 事件。

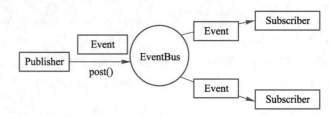

图 6-1-2
EventBus 原理

- 订阅者 Subscriber：订阅某种事件类型的对象，当有发布者发布这类事件后，EventBus 会执行订阅者的 onEvent 函数，该函数叫事件响应函数。订阅者通过 register 接口订阅某个事件类型，unregister 接口退订。订阅者存在优先级，优先级高的订阅者可以取消事件继续向优先级低的订阅者分发，默认所有订阅者优先级都为 0。
- 发布者 Publisher：发布某事件的对象，通过 post 接口发布事件。

（3）GitHub 地址

EventBus 源码：https://github.com/greenrobot/EventBus。

（4）基本使用

- 自定义一个事件类。

```
publicclassAnyEventType {
publicAnyEventType(){}
 }
```

- 在要接受消息的页面注册。

```
EventBus.getDefault().register(this);
```

- 接收消息的方法。

```
@Subscribe(threadMode = ThreadMode.MAIN)
publicvoidonEvent(AnyEventType event){/* Do something */};
```

- 发送消息。

```
EventBus.getDefault().post(event);
```

- 取消注册。

```
EventBus.getDefault().unregister(this);
```

（5）类别

在上面的例子中，在注解@Subscribe(threadMode = ThreadMode.MAIN)中使用了 ThreadMode.MAIN 模式，表示该函数在主线程即 UI 线程中执行。实际上 EventBus 总共有 4 种线程模式，分别如下。

- ThreadMode.MAIN：表示无论事件是在哪个线程发布出来的，该事件订阅方法 onEvent 都会在 UI 线程中执行，其在 Android 中是非常有用的。因为在 Android 中只能在 UI 线程中更新 UI，所有在此模式下的方法是不能执行耗时操作的。
- ThreadMode.POSTING：表示事件在哪个线程中发布出来的，事件订阅函数 onEvent 就会在该线程中运行，也就是说发布事件和接收事件在同一个线程。使用这个方法时，在 onEvent 方法中不能执行耗时操作，如果执行耗时操作容易导致事件分发延迟。
- ThreadMode.BACKGROUND：表示如果事件在 UI 线程中发布出来，那么订阅函数 onEvent 就会在子线程中运行，如果事件本来就是在子线程中发布出来的，那么订阅函数直接在该子线程中执行。
- ThreadMode.AYSNC：使用这种模式的订阅函数，那么无论事件在哪个线程发布，都会创建新的子线程来执行订阅函数。

 任务实施

（1）打开项目

打开 Android Studio 导入本书提供的配套项目包，或者打开上一项目完成的项目包。

（2）导入该任务需要使用的开源项目

① 配置仓库地址。

在 Project 的 build.gralde 中配置仓库地址，替换 allprojects 方法如下：

```
allprojects {
    repositories {
        google()
        jcenter()
        maven {
            url 'http://nexus.arashivision.com:9999/repository/maven-public/'
            credentials {
                username = 'deployment'
                password = 'test123'
            }
        }
    }
}
```

② 加入库依赖。

打开 app 目录下的 build.gradle 文件，在 dependencies 字段下添加代码：

```
// native libs utils
compile 'com.arashivision.nativeutils:nativeutils:1.0.8'
// camera control/preview/media framework
compile 'com.arashivision.minicamera:minicamera:2.14.5'
```

```
compile 'com.arashivision.nativelibs:cppshared:10e.16.0'
compile 'com.arashivision.nativelibs:arffmpeg:3.6.2'
compile 'com.arashivision.arplayer:arplayer:5.2.3-d'
compile 'com.arashivision.arcompose:arcompose:4.6.10'
// render sdk needs
compile 'com.google.code.gson:gson:2.4'
compile 'com.insta360.sdk:insta360utils:2.2.6'
compile 'com.insta360.sdk:insta360render:3.6.0'

compile 'org.greenrobot:eventbus:3.0.0'
```

（3）新建 AddHouseActivity

在 com.jarvis.cetc 包下新建 AddHouseActivity.class，继承 AppCompatActivity，实现 onCreate 方法，代码如下：

```java
public class AddHouseActivity extends AppCompatActivity {
@Override
protected void onCreate(@Nullable Bundle savedInstanceState) {
super.onCreate(savedInstanceState);
    }
}
```

（4）注册 Activity

新建的 Activity 需要在 androidmanifest.xml 中进行注册。

```xml
<activity android:name=".AddHouseActivity">
</activity>
```

（5）绘制添加房源页面

在 res/layout 目录下新建 activity_add_house.xml，绘制添加房源页面。主要分上传封面、上传视频和房源详细信息 3 个模块。具体代码可见电子资源 activity_add_house.xml。

（6）调用布局文件

在 AddHouseActivity 的 onCreate 中设置调用其布局文件，代码如下：

```java
setContentView(R.layout.activity_add_house);
```

（7）添加控件引用，实现对 ButterKnife 初始化操作

打开 AddHouseActivity.java 类，用 ButterKnife 的方法取得该页面所有控件，代码如下：

```java
private static final String TAG = "AddHouseActivity";
@BindView(R.id.add_house_form_start_recording_panorama)
```

```
Button recordPanoramaButton;
    @BindView(R.id.add_house_panorama_preview)
SurfaceView panoramaPreview;
    @BindView(R.id.add_house_toolbar)
Toolbar toolbar;
    @BindView(R.id.record_panorama_button_progress_bar)
ProgressBar recordPanoramaProgressBar;
```

 **注意** ⟫⟫⟫⟫⟫⟫

导入的 Toolbar 选择 v7 版本，代码如下：

import android.support.v7.widget.Toolbar;

在 onCreate 里完成对 ButterKnife 的初始化操作。

ButterKnife.bind(this);

 **注意** ⟫⟫⟫⟫⟫⟫

此步骤在每个新建页面中必须要操作。

（8）新建初始化 initUI 方法

在 initUI 方法中添加对 Toolbar 的引用，代码如下：

```
/**
 * 初始化 UI
 */
private void initUI() {
toolbar.setTitle("");
    setSupportActionBar(toolbar);
}
```

完成页面初始化工作，在 onCreate 中调用，代码如下：

initUI();

（9）录播功能的实现

① 工具类准备。

新建 com.tencent.houses.service.camera 包，将电子资源中的 CustomRendererFactory.
java、CameraService.java、RendererWrapper.java 这 3 个文件复制进项目中。这是录播功能
的一些工具类，所有的操作和回调，都封装在 Insta360CameraService 类中。

② CameraService 的引用。

打开 AddHouseActivity.java 类，定义 CameraService 变量：

```
privateCameraService mCameraService;
```

在 onCreate 方法中添加 mCameraService 的初始化操作，代码如下：

```
mCameraService = CameraService.instance(this.getApplicationContext());
```

③ 初始化 EvenBus。

初始化 EvenBus 操作，用来接收相机各类状态参数的传递，在 onCreate 中添加代码：

```
EventBus.getDefault().register(this);
```

④ 添加 EvenBus 事件监听。

添加从 mCameraService 传递过来的 event 事件：

```java
    @Subscribe(threadMode = ThreadMode.MAIN)
public void onOpenEvent(CameraService.OpenEvent event) {
    //打开摄像头时的回调

    }


    @Subscribe(threadMode = ThreadMode.MAIN)
public void onDetachEvent(CameraService.DetachEvent event) {
    //拔出摄像头时的回调

    }
@Subscribe(threadMode = ThreadMode.MAIN)
public void onErrorEvent(CameraService.ErrorEvent event) {
    //录播失败时的回调

    }
// record or live push complete
@Subscribe(threadMode = ThreadMode.MAIN)
public void onRecordCompleteEvent(CameraService.RecordCompleteEvent event) {
    //录制完成时的回调

    }


// record or live push error
@Subscribe(threadMode = ThreadMode.MAIN)
public void onRecordErrorEvent(CameraService.RecordErrorEvent event) {
    //录制失败时的回调

    }


@Subscribe(threadMode = ThreadMode.MAIN)
public void onRecordFpsEvent(CameraService.RecordFpsEvent event) {


    }
```

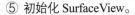

⑤ 初始化 SurfaceView。

初始化 SurfaceView 展示页面，在 onCreate 方法中添加代码如下：

```
      panoramaPreview.getHolder().addCallback(new SurfaceHolder.Callback() {
    @Override
public void surfaceCreated(SurfaceHolder holder) {

      }

    @Override
public void surfaceChanged(SurfaceHolder holder, int format, int width, int height) {


    }

    @Override
public void surfaceDestroyed(SurfaceHolder holder) {

      }
});
```

定义 Surface 变量，为 panoramaCameraService 设置 Surface 参数。

```
private Surface panoramaSurface;
```

当 panoramaPreview 创建时会执行 surfaceCreated 的回调，添加代码如下：

```
panoramaSurface= holder.getSurface();
mCameraService.setSurface(panoramaSurface);
Log.i(TAG, "surfaceCreated: surface created!");
```

当 panoramaPreview 销毁时会执行 surfaceDestroyed 的回调，添加代码如下：

```
panoramaSurface= null;
mCameraService.setSurface(null);
Log.i(TAG, "surfaceDestroyed: surface destroyed!");
```

⑥ 录制状态。

在 com.jarvis.cetc.entity 包下，新建 CameraStatus.java 类，用来记录当前的录制状态，代码如下：

```
public class CameraStatus {
    //初始化，录制中，录制完成
public enum PanoramaCameraState {IDLE, RECORDING, FINISHED}


    public static PanoramaCameraState panoramaCameraState = PanoramaCamera
State.IDLE;
    }
```

⑦ 页面状态。

在 AddHouseActivity.java 类中定义一个变量来判断当前页面是否为可见状态。代码如下：

```
                  private boolean isOnPause=false;
                  @Override
protected void onPause() {
    super.onPause();
    isOnPause=true;
}


@Override
protected void onResume() {
    super.onResume();
    isOnPause=false;
}
```

⑧ 页面按钮状态显示。

根据录制状态，来控制页面按钮的显示信息，添加 updateUI()方法，代码如下：

```
    /**
 * 更新 UI
 */
private void updateUI() {
switch (CameraStatus.panoramaCameraState) {
case IDLE:
recordPanoramaButton.setText(R.string.start_record_panorama);
recordPanoramaButton.setEnabled(true);
recordPanoramaProgressBar.setVisibility(View.INVISIBLE);
break;
case RECORDING:
recordPanoramaButton.setText(R.string.stop_recording);
recordPanoramaButton.setEnabled(true);
recordPanoramaProgressBar.setVisibility(View.INVISIBLE);
break;
case FINISHED:
recordPanoramaButton.setText(R.string. start_record_panorama);
recordPanoramaButton.setEnabled(true);
recordPanoramaProgressBar.setVisibility(View.INVISIBLE);
break;
    }
}
```

⑨ 相机操作。

开启全景相机，添加 openPanoramaCameraAsync 方法，实现如下代码：

```
/**
* 开启全景相机（异步）
*/
private void openPanoramaCameraAsync() {
    //打开摄像头
mCameraService.open(null);
    }
```

在相机打开以后，mCameraService 类中的 onOpenComplete 回调方法会通过 EventBus
传递到 AddHouseActivity 的 onOpenEvent 方法中，需要为相机传递拼接参数，应用于预览
流拼接。如果 isOnPause 为 true，则说明该页面不是活跃状态，不执行后续操作。在此方
法中添加代码如下：

```
    if(isOnPause){
  return;
}

// Toast.makeText(this,"onOpenEvent",Toast.LENGTH_LONG).show();
Log.d(TAG, "onOpenComplete: insta360 air open");

try {
    String offset = mCameraService.readCameraPanoOffset();
    mCameraService.updatePanoOffset(offset);
} catch (CameraIOException | UsbIOException e) {
    e.printStackTrace();
    Log.e(TAG, "run: open streaming fail!", e);
}
    // 开始录制
startPanoramaStreamingAndRecording();
```

其中封装 startPanoramaStreamingAndRecording 方法，用来实现开启相机预览流并且
开始录制功能，代码如下：

```
/**
* 开始显示全景流，并开始录制（阻塞）
*/
private void startPanoramaStreamingAndRecording() {
}
```

开启相机预览流，定义如下参数。

```
private int panoramaWidth = 1920;
private int panoramaHeight = 960;
private int panoramaFps = 30;
private int panoramaBitrate = 12 * 1024 * 1024;
```

在 startPanoramaStreamingAndRecording 方法中添加设置相机参数和开启相机预览流方法，代码如下：

```
    mCameraService.setSurface(panoramaSurface);
// 设置相机参数
mCameraService.setVideoParam(panoramaWidth, panoramaHeight, panoramaFps,
    DriverInfo.CAMERA_FRAME_FORMAT_FRAME_BASED_H264,
    panoramaBitrate, TimestampCarryOption.NOT_CONTROL);
    //开启相机流
mCameraService.startStreaming();
```

开始录制拼接好的视频，将录制状态修改为 RECORDING 状态，定义如下参数。

```
private static final String TEMP_PANORAMA_FILE_NAME = "temp_panorama.mp4";
```

在 startPanoramaStreamingAndRecording 方法中添加视频保存路径，代码如下：

```
    // 获取存储路径
String tempURI = getExternalCacheDir().getPath() + File.pathSeparator + TEMP_PANORAMA_
FILE_NAME;
mCameraService.enableRecordAudio(true);
    //开始录制视频
mCameraService.startRecord(panoramaWidth, panoramaHeight, panoramaFps,
panoramaBitrate, MiniCamera.VIDEO_FORMAT_MP4,
    MiniCamera.VIDEO_TYPE_NORMAL, tempURI);
Log.d(TAG, "video will save to " + tempURI);
CameraStatus.panoramaCameraState = RECORDING;
    updateUI();
停止录制视频，新增 stopRecordPanorama 方法。
    //停止录制全景
private void stopRecordPanorama() {
    //关闭录制
mCameraService.stopRecord();
    //关闭相机流
mCameraService.stopStreaming();
    CameraStatus.panoramaCameraState = FINISHED;
    }
```

⑩ 相机异常状态。

当录制过程中出现 error，mCameraService 类中的 onError 回调方法会通过 EventBu

传递到 AddHouseActivity 的 onErrorEvent 方法中。当前若为录播状态，需要先停止录播。
在此方法中添加代码如下：

```
    if(CameraStatus.panoramaCameraState == RECORDING) {
        stopRecordPanorama();
    }
    mCameraService.close();
    CameraStatus.panoramaCameraState = IDLE;
    updateUI();
        //如果当前页面不是活跃状态，则不提示错误信息
    if(isOnPause){
    return;
    }
    Toast.makeText(this, "录播错误", Toast.LENGTH_LONG).show();
```

当摄像头拔离手机时，mCameraService 类中的 onDetached 回调方法会通过 EventBus
传递到 AddHouseActivity 的 onDetachEvent 方法中。当前若为录播状态，需要先停止录播。
在此方法中添加代码如下：

```
    if (CameraStatus.panoramaCameraState == RECORDING) {
        stopRecordPanorama();
    }
    mCameraService.close();
    CameraStatus.panoramaCameraState = IDLE;
    updateUI();
    if(isOnPause){
    return;
    }
    Toast.makeText(this, "相机已拔出", Toast.LENGTH_LONG).show();
```

当录制失败时， mCameraService 类中的 onRecordError 回调方法会通过 EventBus 传
递到 AddHouseActivity 的 onRecordErrorEvent 方法中。当前若为录播状态，需要先停止录
播。在此方法中添加代码如下：

```
    if (CameraStatus.panoramaCameraState == RECORDING) {
        stopRecordPanorama();
    }
    mCameraService.close();
    CameraStatus.panoramaCameraState = IDLE;
    updateUI();
    if(isOnPause){
        return;
    }
```

161

```
Toast.makeText(this, "录播错误", Toast.LENGTH_LONG).show();
```

（10）系统权限

录制视频用到了系统的摄像头和文件存储的权限，所以需要获取添加权限功能。

① 在 AndroidManifest.xml 中添加权限。

```
        <uses-permission android:name="android.permission.WRITE_EXTERNAL_
STORAGE" />
    <uses-permission android:name="android.permission.READ_EXTERNAL_
STORAGE" />
    <uses-permission android:name="android.permission.CAMERA" />
    <uses-permission android:name="android.permission.RECORD_AUDIO" />

    <uses-feature android:name="android.hardware.camera" />
    <uses-feature android:name="android.hardware.camera.autofocus" />
    <uses-feature android:name="android.hardware.usb.host" />
```

② 在 AddHouseActivity.java 类中添加申请权限方法，代码如下：

```
        private void requestPermission() {
    if (ContextCompat.checkSelfPermission(this, Manifest.permission.READ_EXTERNAL_
STORAGE)!= PackageManager.PERMISSION_GRANTED ||
        ContextCompat.checkSelfPermission(this, Manifest.permission.WRITE_
EXTERNAL_STORAGE)!= PackageManager.PERMISSION_GRANTED ||
        ContextCompat.checkSelfPermission(this, Manifest.permission.RECORD_
AUDIO)!= PackageManager.PERMISSION_GRANTED||
        ContextCompat.checkSelfPermission(this, Manifest.permission.CAMERA) !=
PackageManager.PERMISSION_GRANTED) {
        ActivityCompat.requestPermissions(this,
    new String[]{
        Manifest.permission.READ_EXTERNAL_STORAGE,
        Manifest.permission.WRITE_EXTERNAL_STORAGE,
        Manifest.permission.RECORD_AUDIO,
        Manifest.permission.CAMERA
},
    101);
  }
}
```

③ 在 onRequestPermissionsResult 权限设置结果回调中，添加如下代码：

```
        @Override
public void onRequestPermissionsResult(int requestCode, @NonNull String[] permissions,
```

```
@NonNull int[] grantResults) {
    if (requestCode != 101)
    super.onRequestPermissionsResult(requestCode, permissions, grantResults);
    boolean permissionNotGrant = false;
    if (permissions.length == 0)
        permissionNotGrant = true;
    else {
    for (int i = 0; i < permissions.length; ++i) {
    if (grantResults[i] != PackageManager.PERMISSION_GRANTED) {
            permissionNotGrant = true;
    break;
        }
      }
    }
    if (permissionNotGrant) {
        Toast.makeText(this, R.string.fail_to_get_camera_permission, Toast.)LENGTH_
SHORT).show();
    }
}
```

④ 在 AddHouseActivity.java 的 onResume 方法中，添加权限请求方法，代码如下：

```
    @Override
protected void onResume() {
super.onResume();
isOnPause = false;
    requestPermission();
}
```

（11）用户操作

添加"录制"按钮单击事件，调用开始录制方法，当状态为 IDLE 时，只需打开相机就行；当状态为 RECORDING 时，就需要停止录播；当状态为 FINISHED 时，此时相机为打开状态，只需直接录播就行。在 onCreate 中添加代码如下：

```
    recordPanoramaButton.setOnClickListener(new View.OnClickListener() {
    @Override
public void onClick(View view) {
if (CameraStatus.panoramaCameraState == IDLE) {
    //当前相机状态为idle，需要先打开相机
    openPanoramaCameraAsync();
} else if (CameraStatus.panoramaCameraState == RECORDING) {
// 当前相机为录播状态，关闭录播
```

```
            stopRecordPanorama();
            Log.e(TAG, "recordPanoramaButtonOnClick: stop record");
        } else if (CameraStatus.panoramaCameraState == FINISHED) {
            //当前相机为打开状态，直接录播
            startPanoramaStreamingAndRecording();
        }
        updateUI();


        }
});
```

（12）返回键处理

① Toolbar 返回键的监听。

添加对 Toolbar 返回键的监听，如果在录播状态，则需要关闭录播，在 onCreate 方法中添加代码如下：

```
        toolbar.setNavigationOnClickListener(new View.OnClickListener() {
    @Override
    public void onClick(View v) {
        if(CameraStatus.panoramaCameraState == RECORDING) {
        stopRecordPanorama();
    }
        finish();
    }
});
```

② 物理返回键的监听。

添加对物理返回键的监听，如果在录播状态，则需要关闭录播，添加代码如下：

```
    @Override
public boolean onKeyDown(int keyCode, KeyEvent event) {
if (keyCode == KeyEvent.KEYCODE_BACK) {
if (CameraStatus.panoramaCameraState == RECORDING) {
        stopRecordPanorama();
    }
    finish();
    }
return super.onKeyDown(keyCode, event);
    }
```

（13）页面跳转功能实现

打开 AdminActivity.java 在 initUI()方法中为"添加房源"按钮增加单击事件，进行页面跳转。代码如下：

```
        findViewById(R.id.add_house_button).setOnClickListener(new
View.OnClickListener() {
    @Override
    public void onClick(View v) {
        Intent intent = new Intent(AdminActivity.this, AddHouseActivity.class);
        startActivity(intent);
    }
});
```

项目总结

本项目演示完成了视频录播功能的开发，重点讲述了 Insta360 摄像头提供的 SDK 的使用方法。更加详细的用法，读者可自行参考 SDK API。

项目实训

【实训题目】

配置录播参数。

【实训目的】

熟练完成录播功能，达到录制不同水印、不同分辨率视频录播。

项目 7

添加房源

学习目标

本项目主要完成以下学习目标：

- 熟练使用 Android-Image-Cropper 进行图片的选择和裁剪。

- 熟练使用腾讯云提供的 API 进行图片的上传。

- 熟练使用腾讯云提供的 SDK 进行视频的分片式上传。

- 了解腾讯云对象存储的签名鉴权并掌握其签名算法。

项目描述

中介管理员将录制好的全景视频、房源封面照片添加到腾讯云服务器存储，将名称和房源基本信息提交到后台服务器存储。

任务 7.1　服务器端实现

任务 7.1
服务器端实现

微课 7.1
服务器端实现

　任务目标

- 根据腾讯云有关存储对象 COS 的 API 编写签名鉴权的方法，为前台提供相关接口来实现图片和视频的上传。
- 提供新增房源信息的接口，新增之前需要查询图片和视频的上传情况，确认已经上传完毕之后，将新增的房源信息加入数据库。

知识准备

1. 腾讯云对象存储 COS 的签名鉴权

业务端购买腾讯云（对象存储）服务，来作为其业务组成的一部分（云存储或内容分发加速），并最终提供给用户。所以当用户访问腾讯云服务时，需要先征得业务端的"许可"。用户需要向腾讯云证明自己已经得到"访问许可"了。简单地说，腾讯云和业务端约定了一套规则，通过这套规则，业务端可以产生一个"钥匙"。当用户需要访问业务端购买的腾讯云服务时，业务端会将这个钥匙传递给用户，然后用户拿着这个钥匙去向腾讯云"证明"自己已经拿到了"访问许可"。腾讯云收到用户的请求后，会先鉴别"钥匙"是否有效，若有效，则允许访问云服务，若无效，则返回 Authorization 错误消息。

这套规则，就是腾讯云的"鉴权系统"，这把"钥匙"，就是下文要解释的"签名"。

2. 腾讯云的签名

（1）概念

签名本质上是一个加密的字符串，目前在腾讯云中分为多次有效签名和单次有效签名。

① 多次有效签名：签名中部分不绑定文件 fileid，部分绑定文件 fileid。开启 token 防盗链的下载、文件简单上传、文件分片上传可以绑定 fileid，同时支持前缀匹配。多次有效签名需要设置一个大于当前时间的有效期，有效期内此签名可多次使用，有效期最长可设置 3 个月。

② 单次有效签名：签名中绑定文件 fileid，有效期必须设置为 0，此签名只可使用一次，且只能应用于被绑定的文件或文件夹操作。

（2）需要签名的场景

腾讯云对象存储（COS）对签名的适用场景做了限制，其见表 7-1-1。

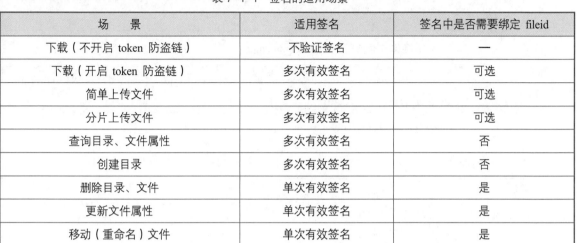

表 7-1-1　签名的适用场景

场　　景	适用签名	签名中是否需要绑定 fileid
下载（不开启 token 防盗链）	不验证签名	—
下载（开启 token 防盗链）	多次有效签名	可选
简单上传文件	多次有效签名	可选
分片上传文件	多次有效签名	可选
查询目录、文件属性	多次有效签名	否
创建目录	多次有效签名	否
删除目录、文件	单次有效签名	是
更新文件属性	单次有效签名	是
移动（重命名）文件	单次有效签名	是
分片上传文件	多次有效签名	可选

（3）使用签名来完成鉴权

腾讯云对象存储通过签名来验证请求的合法性。业务端通过将签名授权给用户端，使其具备上传、下载及管理指定资源的权限。

当用户使用 RESTful API 对腾讯云对象存储资源进行操作时，必须要在每个 HTTP/HTTPS 请求的 Header 中输入 Host 和 Authorization，其中 Authorization 参数即为"签名算法"最终得到的 sign 字符串。腾讯云请求参数见表 7-1-2。

表 7-1-2　腾讯云请求参数

参 数 名 称	必　选	类　型	描　　述
Host	是	String	文件云服务器域名，固定为[region].file.myqcloud.com
Authorization	是	String	用户的有效签名，用于鉴权

（4）签名算法

腾讯云的各类 SDK 已经提供了标准的签名计算方法，业务端只需输入相关参数，即可得到签名字符串。用户也可以根据 RESTful API 自行计算签名。

对于签名的计算过程，可简单分为如下 3 个步骤：获取签名所需信息、拼接明文字符串、将明文字符串转化为签名。

① 获取签名所需信息。

生成签名所需信息包括项目 ID（App Id）、空间名称（Bucket，文件资源的组织管理单元）、项目的 Secret ID 和 Secret Key。获取这些信息的方法如下。

● 登录腾讯云对象存储，进入对象存储空间。

● 如开发人员未创建空间，可添加空间，空间名称（Bucket）由用户自行输入。

● 单击"获取 API 密钥"按钮，获取 App Id、Secret ID 和 Secret Key。

② 拼接明文字符串 Original。

明文字符串 Original 按照签名的类型可划分为"多次"和"单次"有效签名。

● 拼接多次有效签名串 multi_effect_signature。

> Original = "a=[appid]&b=[bucket]&k=[SecretID]&e=[expiredTime]&t=[current
> Time]&r=[rand]&f="

● 拼接单次有效签名串 once_signature。

> Original = "a=[appid]&b=[bucket]&k=[SecretID]&e=[expiredTime]&t=[current
> Time]&r=[rand]&f=[fileid]"

签名串中各字段含义见表 7-1-3。

表 7-1-3　签名串中各字段含义

字　段	解　释
a	开发人员的项目 ID，接入对象存储服务创建空间时，系统生成的唯一标识项目的 ID，即 App Id
b	空间名称 Bucket
k	项目的 Secret ID
t	当前时间戳，是一个符合 UNIX Epoch 时间戳规范的数值，单位为秒（s）
e	多次有效签名时，e 为签名的失效时刻，是一个符合 UNIX Epoch 时间戳规范的数值，单位为秒。e 的计算方式为 e = t +签名有效时长。签名有效时长最大取值为 7776000（90 天）；单次签名时，e 必须设置为 0
r	随机串，无符号 10 进制整数，用户需自行生成，最长 10 位
f	fileid，唯一标识存储资源的相对路径。格式为/appid/bucketname/dirname/[filename]，并且需要对其中非'/'字符进行 UrlEncode 编码。当操作对象为文件夹时，filename 为默认。filename 中要包含文件后缀名

📝 注意 》》》》》》》

① 当签名类型需要绑定 fileid 时，f 字段请按要求赋值。

② 拼接单次有效签名的签名串时，过期时间 e 必须设置为 0，以保证此签名只能针对固定资源使用一次。

③ 拼接多次有效签名的签名串时，过期时间 e 的单位为秒，不同编程语言获得的系统 UNIX 时间戳单位可能有所差异（如 Java 是毫秒），但都转化为秒。

③ 将明文字符串转化为签名。

拼接好签名的明文字符串 Original 后，用已经获取的 SecretKey 对明文串进行 HMAC-SHA1 加密，得到 SignTmp：

> SignTmp = HMAC-SHA1(SecretKey, Original)

将密文串 SignTmp 放在明文串 Origin 前面，拼接后进行 Base64Encode 算法，得到最终的签名 Sign：

> Sign = Base64 (append(SignTmp, Original))

📝 注意 》》》》》》》

① 此处使用的是标准的 Base64 编码，不是 URLSafe 的 Base64 编码。

② 由于使用了 HMAC 算法，计算 SignTmp 的结果为二进制字符串，因此建议将算法写在同一函数中实现。单独输出 SignTmp 可能导致拼接后的字串有误。

任务实施

该任务参考了腾讯云对象存储 COS 的 API，新增了工具类，包含了签名算法，用来处理和 COS 对象存储之间的文件交互。

① java 目录下新建包 util，然后创建类 QCloudCosUtils：

```java
package util;

import com.fasterxml.jackson.databind.DeserializationFeature;
import com.fasterxml.jackson.databind.ObjectMapper;
import com.sun.istack.internal.Nullable;
import dto.Response;

import javax.crypto.Mac;
import javax.crypto.SecretKey;
import javax.crypto.spec.SecretKeySpec;
import java.io.IOException;
import java.io.InputStream;
import java.io.UnsupportedEncodingException;
import java.net.HttpURLConnection;
import java.net.URL;
import java.net.URLEncoder;
import java.security.InvalidKeyException;
import java.security.NoSuchAlgorithmException;
import java.util.Arrays;
import java.util.Base64;
import java.util.Random;

public class QCloudCosUtils {
    //请输入自己的值
    private static final String APP_ID = "******";
private static final String BUCKET = "************";
    private static final String SECRETE_ID = "****************";
    private static final String SECRET_KEY = "**********************";

    public static String getMultiEffectSign(@Nullable String fileID) {
        String signUrl = getSignUrl(fileID, true);
        return getSign(signUrl, SECRET_KEY);
    }
public static String getOnceSign(@NotNull String fileID) {
```

```java
        String signUrl = getSignUrl(fileID, false);
        return getSign(signUrl, SECRET_KEY);
    }

    public static boolean queryExist(String fileID) {
        if (fileID == null || fileID.isEmpty()) {
            return false;
        }
        HttpURLConnection connection;
        try {
            //对应的前台上传文件地址
            URL cosURL = new URL("http://sh.file.myqcloud.com/files/v2/" + APP_ID
+ "/" + BUCKET + "/" + fileID + "?op=stat");
            connection = (HttpURLConnection) cosURL.openConnection();
            connection.setRequestMethod("GET");
            connection.setRequestProperty("Authorization", getMultiEffectSign(null));
        } catch (IOException e) {
            e.printStackTrace();
            return false;
        }
        InputStream inputStream;
        try {
            inputStream = connection.getInputStream();
        } catch (IOException e) {
            inputStream = connection.getErrorStream();
        }
        ObjectMapper mapper = new ObjectMapper();
        mapper.configure(DeserializationFeature.FAIL_ON_UNKNOWN_PROPERTIES,
false);
        Response response;
        try {
            response = mapper.readValue(inputStream, Response.class);
        } catch (IOException e) {
            e.printStackTrace();
            return false;
        }
        return response.getCode() == 0;
    }

    //签名算法
    private static String getSignUrl(String fileID, boolean multiEffect) {
```

```
long random = Math.abs(new Random().nextLong());
long currentTime = System.currentTimeMillis() / 1000;
long expireTime;
if (multiEffect) {
    expireTime = 24 * 3600 + currentTime;
} else {
    expireTime = 0;
}
StringBuilder stringBuilder = new StringBuilder();
stringBuilder.append("a=").append(APP_ID)
    .append("&b=").append(BUCKET)
    .append("&k=").append(SECRETE_ID)
    .append("&r=").append(random)
    .append("&e=").append(expireTime)
    .append("&t=").append(currentTime);

if (fileID == null) {
    stringBuilder.append("&f=");
} else {
    fileID = "/" + APP_ID + "/" + BUCKET + "/" + fileID;
    fileID = urlEncoder(fileID);
    stringBuilder.append("&f=").append(fileID);
}
return stringBuilder.toString();
}

/**
 * 对 fileID 进行 URLEncoder 编码
 */
private static String urlEncoder(String fileID) {
    if (fileID == null) {
        return null;
    }
    StringBuilder stringBuilder = new StringBuilder();
    String[] strFiled = fileID.trim().split("/");
    int length = strFiled.length;
    for (int i = 0; i < length; i++) {
        if ("".equals(strFiled[i])) continue;
        stringBuilder.append("/");
        try {
            String str = URLEncoder.encode(strFiled[i], "utf-8").replace("+", "%20");
```

```
                    stringBuilder.append(str);
                } catch (Exception e) {
                    e.printStackTrace();
                }
            }
            if (fileID.endsWith("/")) stringBuilder.append("/");
            fileID = stringBuilder.toString();
            return fileID;
        }

        //HMACSHA1 加密算法
        private static byte[] getHmacSha1(String signUrl, String secretKey) {
            byte[] hmacSha1 = null;
            try {
                byte[] byteKey = secretKey.getBytes("utf-8");
                //根据给定的字节数组构造一个密钥,第二参数指定一个密钥算法的名称
                SecretKey hmacKey = new SecretKeySpec(byteKey, "HmacSHA1");
                //生成一个指定 Mac 算法的 Mac 对象
                Mac mac = Mac.getInstance("HmacSHA1");
                //生成一个指定 Mac 算法的 Mac 对象
                mac.init(hmacKey);
                //完成 Mac 操作
                hmacSha1 = mac.doFinal(signUrl.getBytes("utf-8"));
            } catch (UnsupportedEncodingException | NoSuchAlgorithmException | Invalid
    KeyException e) {
                e.printStackTrace();
            }
            return hmacSha1;
        }

        public static byte[] byteArrayConcat(byte[] first, byte[] second) {
            int len1 = first.length;
            int len2 = second.length;
            byte[] all = Arrays.copyOf(first, len1 + len2);
            System.arraycopy(second, 0, all, len1, len2);
            return all;
        }

        private static String getSign(String signUrl, String secretKey) {
            String sign = null;
            try {
```

```
            byte[] hmacSha1 = getHmacSha1(signUrl, secretKey);
            byte[] all = byteArrayConcat(hmacSha1, signUrl.getBytes("utf-8"));
            sign = Base64.getEncoder().encodeToString(all);
        } catch (Exception e) {
            e.printStackTrace();
        }
        return sign;
    }
}
```

注意 »»»»»

① 操作过程中，"import java.util.Base64;" 行代码可能会报错，需要将 IDEA 的 File--Project Structure—Modules--Language level 设置为 8，即可解决此错误。

② 以上类中有 4 个参数：APP_ID、BUCKET、SECRETE_ID 和 SECRET_KEY，需要自己输入对应的值。

签名算法可以参考腾讯云 COS 对应的 API。其中有些与 COS 相关的常量需要输入自己对应的值，取值可以参考任务 1.3 腾讯云端环境搭建。

② 前台会进行上传操作，但是为了项目的安全性，签名鉴权的操作是在后台处理的。这里会给前台提供两个接口：多次有效签名和单次有效签名。该接口需要管理员在登录情况下才能去处理，所以在之前的拦截器中需要新增一个注解来解决该问题。

首先在 annotation 下新增一个注解 AdminLoginRequired：

```
        package annotation;

import java.lang.annotation.ElementType;
import java.lang.annotation.Retention;
import java.lang.annotation.RetentionPolicy;
import java.lang.annotation.Target;

@Target(ElementType.METHOD)
@Retention(RetentionPolicy.RUNTIME)
public @interface AdminLoginRequired {
}
```

之后在 ApplicationInterceptor 下进行处理：

```
        AdminLoginRequired adminLoginRequired = method.getAnnotation(AdminLogin
Required.class);

        if (null != adminLoginRequired) {
    Object adminID = request.getSession().getAttribute("adminID");
```

175

```
            if (adminID == null) {
                throw new IllegalAccessException("admin login is required");
            } else {
                return true;
            }
        }
```

 **注意** 〉〉〉〉〉〉〉〉》

以上代码是加在 **if (handler instanceof HandlerMethod) {}** 内的。

接着在 controller 中新增一个控制类 SignatureController：

```
    package controller;

    import annotation.AdminLoginRequired;
    import dto.Response;
    import org.springframework.web.bind.annotation.RequestMapping;
    import org.springframework.web.bind.annotation.RequestParam;
    import org.springframework.web.bind.annotation.RestController;
    import util.QCloudCosUtils;

    @RestController
    @RequestMapping(value = "/signature", produces = "application/json; charset=utf-8")
    public class SignatureController extends JsonPageController {

        //多次有效签名
        @RequestMapping(value = "/multiple")
        @AdminLoginRequired
        public Response<String> getMultipleEffectSignature(@RequestParam(required =
    false) String fileID) {
            return new Response<>(200, null, QCloudCosUtils.getMultiEffectSign(fileID));
        }

        //单次有效签名
        @RequestMapping(value = "/once")
        @AdminLoginRequired
        public Response<String> getOnceEffectSignature(@RequestParam String fileID) {
            return new Response<>(200, null, QCloudCosUtils.getOnceSign(fileID));
        }
    }
```

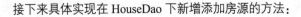

接下来具体实现在 HouseDao 下新增添加房源的方法：

```
    //增
void add(House house);
```

然后在 HouseDaoImpl 中实现 HouseDao 定义的新增添加房源的方法：

```
    @Override
public void add(House house) {
    sessionFactory.getCurrentSession().persist(house);
}
```

最后在 HousesInfoController 中进行接口编写：

```
    @RequestMapping(value = "/add", method = RequestMethod.POST)
public Response add(@LoginAdminID String adminID, @RequestBody House house) {
    // check files uploaded
    if (!QCloudCosUtils.queryExist(house.getCoverPictureURI())) {
        throw new IllegalArgumentException("封面图片上传失败！");
    }
    if (!QCloudCosUtils.queryExist(house.getPanoramaVideoURI())) {
        throw new IllegalArgumentException("全景视频上传失败！");
    }
    Admin houseAdmin = new Admin();
    houseAdmin.setUserID(adminID);
    house.setAdmin(houseAdmin);
    houseDao.add(house);
    return Response.success();
}
```

任务 7.2　客户端实现

任务 7.2
客户端实现

 任务目标

- 拍摄封面照片，并进行裁剪。
- 上传封面照片和全景视频到腾讯云服务器。

 知识准备

微课 7.2
客户端实现

1. 图片选择和裁剪框架

获取本地照片或者拍摄一张照片控件在 APP 中普遍使用，有比较成熟的解决方案

https://github.com/ArthurHub/Android-Image-Cropper。

（1）添加 Gradle 依赖

```
compile'com.theartofdev.edmodo:android-image-cropper:2.4.+'
```

（2）注册图片裁剪 Activity

在 androidmanifest.xml 中添加图片选择页面：

```
<activity
android:name="com.theartofdev.edmodo.cropper.CropImageActivity"
android:theme="@style/CropActivityTheme" />
```

（3）打开图片选择器

```
ropImage.activity()
.setGuidelines(CropImageView.Guidelines.ON)
.setBackgroundColor(Color.argb(100, 200, 200, 200))
.setAspectRatio(4, 3)
.setInitialCropWindowPaddingRatio(0)
.setAllowCounterRotation(true)
.setAllowFlipping(false)
.start(this);
```

（4）当选择完图片以后，会进入 onActivityResult 回调方法，添加如下代码：

```
@Override
public void onActivityResult(int requestCode, int resultCode, Intent data) {
if (requestCode == CropImage.CROP_IMAGE_ACTIVITY_REQUEST_CODE) {
//获取选择返回数据
CropImage.ActivityResult result = CropImage.getActivityResult(data);
//获取图片地址
Uri resultUri = result.getUri();

    }
}
```

2．上传照片和视频

使用腾讯云对象存储提供的方法上传照片和视频到腾讯云。

腾讯云对象存储（COS）服务的 API 是一种轻量级的、无连接状态的接口。调用此套接口可以直接通过 HTTP/HTTPS 发出请求和接受响应，从而实现与腾讯云对象存储后台进行交互的操作。此套 API 的请求和响应内容都为 XML 格式。

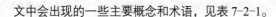

文中会出现的一些主要概念和术语，见表 7-2-1。

表 7-2-1　主要概念和术语

名　称	描　述
APPID	开发者访问 COS 服务时拥有的用户维度唯一资源标识，用以标识资源
SecretId	开发者拥有的项目身份识别 ID，用以身份认证
SecretKey	开发者拥有的项目身份密钥
Bucket	COS 中用于存储数据的容器
Object	COS 中存储的具体文件，是存储的基本实体
Region	域名中的地域信息，如 ap-beijing、ap-hongkong、eu-frankfurt 等
ACL	访问控制列表（Access Control List），是指特定 Bucket 或 Object 的访问控制信息列表
CORS	跨域资源共享（Cross-Origin Resource Sharing），指发起请求的资源所在域不同于该请求所指向资源所在的域的 HTTP 请求
Multipart Uploads	分块上传，腾讯云 COS 服务为上传文件提供的一种分块上传模式

要使用腾讯云对象存储 API，需要先执行以下步骤。

① 购买腾讯云对象存储（COS）服务。

② 在腾讯云对象存储控制台里创建一个 Bucket。

③ 在控制台个人 API 密钥页面里获取 APPID、SecretId、SecretKey 内容。

④ 编写一个请求签名算法程序（或使用任何一种服务端 SDK）。

⑤ 计算签名，调用 API 执行操作。

（1）上传照片

使用该 API 上传 1 MB 大小的简单文件。成功上传文件的前提条件是 Bucket 中已存在目录，如果该 Bucket 中没有文件目录则请求不成功。

请求实例代码：

```
POST/files/v2/<appid>/< Bucket name>/<fileName> HTTP/1.1
Host: <Region>.file.myqcloud.com
Content-Type: multipart/form-data
Authorization: <MultiEffectSignature>
Content-Length: <ContentLength>
```

参数说明：

① appid：在成功申请腾讯云账户后，系统分配的账户标识之一，可通过腾讯云控制台的"账号中心→账号信息"页面查看，如图 7-2-1 所示。具体参考任务 1.3 腾讯云端环境搭建。

② Bucket name：在创建存储桶时为存储桶命名的名称，可通过"云对象存储 v4→Bucker 列表→基础配置"页面查看，如图 7-2-2 所示。具体参考任务 1.3 腾讯云端环境搭建。

图 7-2-1
账号信息页面

图 7-2-2
Bucker 基础配置
页面

③ fileName：上传到腾讯云服务器上的文件名。

④ MultiEffectSignature：多次有效签名。

⑤ ContentLength：RFC 2616 中定义的 HTTP 请求内容长度（字节）。

⑥ Region：COS 支持多地域存储，不同地区默认访问域名不同。建议根据自己的业务场景选择就近的地域存储，可以提高对象上传、下载速度。存储地域简称见表 7-2-2。

表 7-2-2　存储地域简称

地　域	地　域　简　称
北京一区（华北）	tj
北京	bj
上海（华东）	sh
广州（华南）	gz
成都（西南）	cd
新加坡	sgp
中国香港	hk
多伦多	ca
法兰克福	ger

例如，用户在所属地域上海（华东）创建了一个存储桶，存储桶名中用户自定义字符串部分为 panorama，系统自动为用户生成的数字串 APPID 为 1253440178，上传的文件保存名字为 test.text。则完整的上传路径为http://sh.file.myqcloud.com/files/v2/1253440178/panorama/test.text。

该请求的请求体如下：

```
Content-Disposition: form-data; name="insertOnly"; filename="insertOnly"
Content-Disposition: form-data; name="sha"; filename="sha"
Content-Disposition: form-data; name="biz_attr"; filename="biz_attr"
Content-Disposition: form-data; name="filecontent"; filename="filecontent"
```

节点参数具体描述见表 7-2-3。

表 7-2-3　节点参数具体描述

参 数 名 称	描　　　述	类　　　型	必　选
op	操作类型，输入 upload	String	是
filecontent	文件内容	Binary	是
sha	文件的 SHA-1 校验码	String	否
biz_attr	COS 服务调用方自定义属性，可通过查询目录属性获取该属性值	String	否
sha	文件的 SHA-1 校验码	String	否
insertOnly	同名文件覆盖选项 有效值如下： ● 0 为覆盖（删除已有的重名文件，存储新上传的文件） ● 1 为不覆盖（若已存在重名文件，则不做覆盖，返回"上传失败"；若新上传文件 sha 值与已存在重名文件相同，返回"成功"） 默认为 1，不覆盖	Int	否

该响应体返回为 application/json 数据，包含完整节点数据的内容展示如下：

```
{
"code":0,
"message":"SUCCESS",
"request_id":"NTlhNDBhZGVfOTYyMjViNjRfMTc3Ml8yYWQ5NWU=",
"data":
    {
"access_url":"http://panorama-1253440178.file.myqcloud.com/test.txt","resource_pat h":
"/1253440178/panorama/test.txt",
    "source_url":"http://panorama-1253440178.cossh.myqcloud.com/test.txt",
    "url":"http://sh.file.myqcloud.com/files/v2/1253440178/panorama /test.txt","vid":
"dce2a8d7ba11d045c0e19019fab807911503922910"
    }
}
```

具体的参数描述见表 7-2-4。

表 7-2-4 参数描述

参 数 名 称	描　述	类　型
code	服务端返回码，如果没有发生任何错误，取值为 0；如果发生错误，该参数指明具体的错误码	Number
message	服务端提示内容，如果发生错误，该字段将详细描述发生错误的情况	String
request_id	该请求的唯一标识 id	String
data	服务端返回的应答数据，该内容代表了接口返回的具体业务数据	Object

data 数据集参数描述见表 7-2-5。

表 7-2-5　data 数据集参数描述

参 数 名 称	描　述	类　型
access_url	通过 CDN 访问该文件的资源链接（访问速度更快）	String
resource_path	该文件在 COS 中的相对路径名，可作为其 ID 标识。格式 /<APPID>/<BucketName>/<ObjectName>。推荐业务端存储 resource_path，然后根据业务需求灵活拼接资源 URL（通过 CDN 访问 COS 资源的 URL 和直接访问 COS 资源的 URL 不同）	String
source_url	不通过 CDN，直接访问 COS 的资源链接	String
url	操作文件的 URL。业务端可以将该 URL 作为请求地址来进一步操作文件，对应 API：文件属性、更新文件、删除文件、移动文件中的请求地址	String

🎓 **说明 》》》》》》》》**

腾讯云 COS 会默认为每个资源生成经 CDN 的访问链接 access_url，当业务端尚未开通 CDN 时，仍然可以获得该链接，但是无法访问。其中 source-url 就是直接访问 COS 的资源链接，如存储到的图片网络地址链接，如图 7-2-3 所示。

图 7-2-3
存储到的图片网络
地址链接展示

格式为http://<BucketName><APPID>.cos<Region>.myqcloud.com/<FileName>。

（2）上传视频

① SDK 获取。

对象存储服务的 XML Android SDK 资源下载地址为 https://github.com/tencentyun/ qcloud-sdk-android/releases。

② SDK 配置

需要在工程项目中导入下列 JAR 包，存放在 libs 文件夹下。

● cos-android-sdk-V5.4.3.jar。

● qcloud-foundation.1.3.0.jar。

● okhttp-3.8.1.jar。

● okio-1.13.0.jar。

或者使用 Gradle 方式集成 SDK 到项目中，代码如下：

```
compile 'com.tencent.qcloud:cosxml:5.4.3'
```

使用该 SDK 需要网络、存储等相关的一些访问权限，可在 AndroidManifest.xml 中增加如下权限声明（Android 5.0 以上还需要动态获取权限）。

```
<uses-permission android:name="android.permission.INTERNET"/>
<uses-permission android:name="android.permission.ACCESS_WIFI_STATE"/>
<uses-permission android:name="android.permission.ACCESS_NETWORK_STATE"/>
<uses-permission android:name="android.permission.WRITE_EXTERNAL_STORAGE" />
<uses-permission android:name="android.permission.READ_EXTERNAL_STORAGE"/>
```

③ 初始化。

进行操作之前需要实例化 CosXmlService 和 CosXmlServiceConfig。

实例化 CosXmlServiceConfig：调用 CosXmlServiceConfig.Builder().builder()实例化 CosXmlServiceConfig 对象。

setAppidAndRegion 参数说明见表 7-2-6。

表 7-2-6　setAppidAndRegion 参数说明

参 数 名 称	参 数 描 述	类　　型	必　　填
appid	对象存储的服务 APPID	String	是
region	存储桶所在的地域	String	是

这里的 region 有区别于图片上传的设置，见表 7-2-7。

表 7-2-7　存储桶所在的地域

地　　域	地 域 简 称
北京一区（华北）	ap-beijing-1
北京	ap-beijing
上海（华东）	ap-shanghai

续表

地　域	地 域 简 称
广州（华南）	ap-guangzhou
成都（西南）	ap-chengdu
重庆	ap-chongqing
新加坡	ap-singapore
中国香港	ap-hongkong
多伦多	na-toronto
法兰克福	eu-frankfurt
孟买	ap-mumbai
首尔	ap-seoul
硅谷	na-siliconvalley
弗吉尼亚	na-ashburn

其他配置设置方法见表 7-2-8。

表 7-2-8　其他配置的设置方法

方　法	方 法 描 述
setAppidAndRegion(String, String)	设置 appid 和 bucket 所属地域
isHttps(boolean)	true：HTTPS 请求 false：HTTP 请求 默认为 HTTP 请求
setDebuggable(boolean)	debug log 调式

示例：

```
String appid ="对象存储的服务 APPID";
String region ="存储桶所在的地域";//所属地域：在创建好存储桶后，可通过对
象存储控制台查看
CosXmlServiceConfig serviceConfig =newCosXmlServiceConfig.Builder()
.isHttps(true)
.setAppidAndRegion(appid, region)
.setDebuggable(true)
.builder();
```

实例化 CosXmlService：调用 CosXmlService(Context context, CosXmlService Config serviceConfig, QCloudCredentialProvider cloudCredentialProvider)构造方法，实例化 CosXmlService 对象。

CosXmlService 参数说明见表 7-2-9。

表 7-2-9　CosXmlService 参数说明

参 数 名 称	参 数 描 述	类　　型	必　填
context	application 上下文	Context	是
serviceConfig	SDK 的配置设置类	CosXmlServiceConfig	是
basicLifecycleCredentialProvider	服务请求的签名获取类	BasicLifecycleCredentialProvider	是

示例：

```
/**
 *
 * 创建 ShortTimeCredentialProvider 签名获取类对象，用于使用对象存储服务
对计算签名
 * 参考 SDK 提供签名格式，可实现自己的签名方法（extends BasicLifecycle
CredentialProvider 以及实现       **fetchNewCredentials() 方法）
 * 此处使用 SDK 提供的默认签名计算方法
 *
 */
String secretId ="云 API 密钥 secretId";
String secretKey ="云 API 密钥 secretKey";
long keyDuration =600;//secretKey 的有效时间,单位秒
ShortTimeCredentialProvider localCredentialProvider =newShortTimeCredentialProvider
(secretId, secretKey, keyDuration);

//创建 CosXmlService 对象，实现对象存储服务各项操作
Context context =getApplicationContext();　//应用的上下文
CosXmlService cosXmlService =newCosXmlService(context,cosXmlServiceConfig,
localCredentialProvider);
```

SDK 中已提供了签名获取类，用户只需继承 BasicLifecycleCredentialProvider 类，并
重写 fetchNewCredentials() 方法。

生成签名示例：

```
publicclassLocalCredentialProviderextendsBasicLifecycleCredentialProvider{
private String secretKey;
privatelong keyDuration;
private String secretId;

publicLocalCredentialProvider(String secretId, String secretKey,long keyDuration){
this.secretId = secretId;
this.secretKey = secretKey;
```

```
    this.keyDuration = keyDuration;
    }

    /**
    返回  BasicQCloudCredentials
      */
    @Override
    public QCloudLifecycleCredentials fetchNewCredentials()throws CosXmlClient
Exception {
    long current = System.currentTimeMillis()/ 1000L;
    long expired = current + duration;
        String keyTime = current+";"+expired;
    returnnewBasicQCloudCredentials(secretId,secretKeyToSignKey(secretKey, keyTime),
keyTime);
    }

    private String secretKeyToSignKey(String secretKey, String keyTime){
        String signKey = null;
    try{
    if(secretKey == null){
    thrownewIllegalArgumentException("secretKey is null");
    }
    if(keyTime == null){
    thrownewIllegalArgumentException("qKeyTime is null");
    }
    }catch(IllegalArgumentException e){
    e.printStackTrace();
    }
    try{
    byte[] byteKey = secretKey.getBytes("utf-8");
        SecretKey hmacKey =newSecretKeySpec(byteKey,"HmacSHA1");
        Mac mac =Mac.getInstance("HmacSHA1");
    mac.init(hmacKey);
    signKey= StringUtils.toHexString(mac.doFinal(keyTime.getBytes("utf-8")));
    }catch(UnsupportedEncodingException e){
    e.printStackTrace();
    }catch(NoSuchAlgorithmException e){
    e.printStackTrace();
    }catch(InvalidKeyException e){
    e.printStackTrace();
    }
```

```
return signKey;
    }
  }
```

UploadService，推荐使用该方法进行分片上传，示例如下：

```
//UploadService 封装了上述分片上传请求一系列过程的类

    UploadService.ResumeData resumeData = new UploadService.ResumeData();
    resumeData.bucket = "存储桶名称";
    resumeData.cosPath = "远端路径，即存储到 COS 上的绝对路径"; //格式如
cosPath = "/test.txt";
    resumeData.srcPath = "本地文件的绝对路径"; // 如 srcPath =Environment.get
ExternalStorageDirectory().getPath() + "/test.txt";
    resumeData.sliceSize = 1024 * 1024; //每个分片的大小
    resumeData.uploadId = null; //若是续传，则 uploadId 不为空


    UploadService uploadService = new UploadService(cosXmlService, resumeData);


/*设置进度显示
实现 CosXmlProgressListener.onProgress(long progress, long max)方法，
    progress 已上传的大小， max 表示文件的总大小
*/
uploadService.setProgressListener(new CosXmlProgressListener() {
    @Override
public void onProgress(long progress, long max) {
float result = (float) (progress * 100.0/max);
Log.w("TEST","progress =" + (long)result + "%");
    }
});
try {
    CosXmlResult cosXmlResult = uploadService.upload();

Log.w("TEST","success: " + cosXmlResult.accessUrl );

    } catch (CosXmlClientException e) {

    //抛出异常
Log.w("TEST","CosXmlClientException =" + e.toString());
    } catch (CosXmlServiceException e) {
```

```
//抛出异常
Log.w("TEST","CosXmlServiceException =" + e.toString());
}
```

 任务实施

（1）打开项目

打开 Android Studio 导入本书提供的配套项目包，或者打开上一项目完成的项目包。

（2）导入该任务需要使用的开源项目。

打开 app 目录下的 build.gradle 文件，在 dependencies 字段下添加代码（其中第 2 个开源项目为 "等待" 对话框）：

```
compile'com.theartofdev.edmodo:android-image-cropper:2.4.+'
compile'com.afollestad.material-dialogs:core:0.9.4.5'
```

（3）注册图片裁剪 Activity

在 androidmanifest.xml 中添加图片选择页面，该页面被封装在框架中，可直接引用：

```
    <activity
android:name="com.theartofdev.edmodo.cropper.CropImageActivity"
android:theme="@style/CropActivityTheme" />
```

（4）添加控件引用，实现对 ButterKnife 初始化操作

打开 AdminActivity.java 类中用 ButterKnife 的方法取得该页面所有控件，代码如下：

```
    @BindView(R.id.add_house_cover_preview)
ImageView coverImageView;
@BindView(R.id.add_house_form_add_cover)
Button addCoverButton;
@BindView(R.id.add_house_form_title)
EditText houseTitleEditText;
@BindView(R.id.add_house_form_location)
EditText houseLocationEditText;
@BindView(R.id.add_house_form_price)
EditText housePriceEditText;
@BindView(R.id.add_house_form_size)
EditText houseSizeEditText;
@BindView(R.id.add_house_form_contact)
EditText houseContactEditText;
@BindView(R.id.add_house_form_introduction)
EditText houseIntroductionEditText;
```

```
@BindView(R.id.add_house_form_submit)
Button submitButton;
```

（5）添加封面图片

① 定义一个用于存储上传封面数据的变量，代码如下：

```
private byte[] coverPictureData = null;
```

② 新增 beginCaptureCoverImageActivity 方法，用来调用选择图片功能代码如下：

```
    /**
 * 开启拍摄封面图片的 activity
 */
private void beginCaptureCoverImageActivity() {
//打开图片选择器
CropImage.activity()
        .setGuidelines(CropImageView.Guidelines.ON)
        .setBackgroundColor(Color.argb(100, 200, 200, 200))
        .setAspectRatio(4, 3)
        .setInitialCropWindowPaddingRatio(0)
        .setAllowCounterRotation(true)
        .setAllowFlipping(false)
        .start(this);
}
```

③ 当选择完图片以后，会进入 onActivityResult 回调方法，其中添加如下代码：

```
    @Override
public void onActivityResult(int requestCode, int resultCode, Intent data) {
if (requestCode == CropImage.CROP_IMAGE_ACTIVITY_REQUEST_CODE) {
    //获取选择返回数据
    CropImage.ActivityResult result = CropImage.getActivityResult(data);
if (resultCode == RESULT_OK) {
addCoverButton.setText(R.string.reshot_cover);
    //获取图片地址
    Uri resultUri = result.getUri();
try {
        Bitmap origin = BitmapFactory.decodeStream(new FileInputStream(resultUri.
getPath()));
Bitmap scaledBitmap = Bitmap.createScaledBitmap(origin, 1440, 1080, false);
        ByteArrayOutputStream byteArrayOutputStream = new ByteArrayOutput
Stream();
        scaledBitmap.compress(Bitmap.CompressFormat.JPEG, 100, byteArray
OutputStream);
```

189

```
coverPictureData = byteArrayOutputStream.toByteArray();
coverImageView.setImageBitmap(scaledBitmap);
        } catch (FileNotFoundException e) {
            e.printStackTrace();
        }
    } else if (resultCode == CropImage.CROP_IMAGE_ACTIVITY_RESULT_
ERROR_CODE) {
        Exception error = result.getError();
        Log.e(TAG, "onActivityResult: crop image fail", error);
    }
    }
}
```

④ 在 onCreate 中为"添加封面图片"按钮添加单击事件，代码如下：

```
    addCoverButton.setOnClickListener(new View.OnClickListener() {
    @Override
public void onClick(View view) {
    beginCaptureCoverImageActivity();
    }
});
```

（6）初始化上传文件等待对话框

```
private MaterialDialog submittingDialog;
```

在 initUI() 方法中添加如下代码，完成初始化操作：

```
submittingDialog = new MaterialDialog.Builder(this)
.autoDismiss(false)
.cancelable(false)
.canceledOnTouchOutside(false)
.content("正在上传")
.progress(false, 100).build();
```

（7）表单提交

新增提交表单方法，代码如下：

```
    private void submitFormAsync() {

}
```

（8）获取并验证输入信息的合法性

① 获取页面数据，新增 getUserInput() 方法，代码如下：

```
    /**
    * 获取用户输入数据
```

```
    *
    * @return 用户输入的表单数据
    */
   private House getUserInput() {
     House house = new House();
     String title = houseTitleEditText.getText().toString();
     String location = houseLocationEditText.getText().toString();
     String price = housePriceEditText.getText().toString();
     String size = houseSizeEditText.getText().toString();
     String contact = houseContactEditText.getText().toString();
     String introduction = houseIntroductionEditText.getText().toString();
     house.setTitle(title);
     house.setLocation(location);
     house.setPrice(price+ getString(R.string.house_price_measurement_unit));
     house.setSize(size+ getString(R.string.house_size_measurement_unit));
     house.setContact(contact);
     house.setIntroduction(introduction);
   return house;
   }
```

② 异常类。

在 com.jarvis.cetc.entity 包下新建 InvalidFormException 类，继承 IOException，用来捕获表单信息异常的情况。代码如下：

```
    public class InvalidFormException extends IOException {
   public InvalidFormException(String message) {
   super(message);
     }
   }
```

③ 检查表单元素是否合法，添加 checkFormValid()方法。

```
    /**
    * 检查表单元素是否合法
    *
    * @param form 表单元素
    * @throws InvalidFormException 表单非法异常
    */
   private void checkFormValid(House form) throws InvalidFormException {
   if (coverPictureData == null) {
   throw new InvalidFormException(getString(R.string.photo_not_shot));
     }
   if (CameraStatus.panoramaCameraState != FINISHED) {
```

```
throw new InvalidFormException(getString(R.string.panorama_not_shot));
  }
if (form.getTitle().isEmpty()) {
throw new InvalidFormException(getString(R.string.house_title_cannot_be_empty));
  }
if (form.getLocation().isEmpty()) {
throw new InvalidFormException(getString(R.string.house_location_cannot_be_empty));
  }
if (form.getPrice().isEmpty()) {
throw new InvalidFormException(getString(R.string.house_price_cannot_be_empty));
  }
if (form.getSize().isEmpty()) {
throw new InvalidFormException(getString(R.string.house_size_cannot_be_empty));
  }
if (form.getContact().isEmpty()) {
throw new InvalidFormException(getString(R.string.house_contact_cannot_be_empty));
  }
if (form.getIntroduction().isEmpty()) {
throw new InvalidFormException(getString(R.string.house_introduction_cannot_
be_empty));
  }
}
```

④ 在 submitFormAsync 中调用获取页面数据和验证数据合法性的方法，代码如下：

```
    final House inputData = getUserInput();
// 验证表单信息
try {
   checkFormValid(inputData);
} catch (InvalidFormException e) {
   Toast.makeText(this, e.getMessage(), Toast.LENGTH_SHORT).show();
return;
}
```

（9）上传封面图片

1）获取腾讯云签名

① 网络接口 SignatureService。

在 com.jarvis.cetc.service.http 包下新建 SignatureService.java 接口，完整代码如下：

```
    public interface SignatureService {
   @GET("signature/multiple")
   Call<JsonResponse<String>> queryMultiEffectSign();
}
```

② 引用 SignatureService。

在 HttpServiceManager 中定义 SignatureService 变量，并生成对应的 get 方法，具体代码实现如下：

```
        private final SignatureService signatureService;
        public SignatureService getSignatureService() {
    return signatureService;

    }
```

在 HttpServiceManager 的构造方法中添加实例化 SignatureService 的代码：

```
signatureService = retrofit.create(SignatureService.class);
```

③ 网络请求接口使用。

在 AddHouseActivity.java 类中获取签名的方法，这里采用同步方法调用：

```
        submittingDialog.show();
        JsonResponse<String> body =    HttpServiceManager.getInstance().getSignature
Service().queryMultiEffectSign().execute().body();
    if (body == null) {
      Log.e(TAG, "submit run: receive empty body when request sign");
        submittingDialog.dismiss();
    Toast.makeText(AddHouseActivity.this, R.string.submit_fail, Toast.LENGTH_
SHORT).show();
    return;
    }
    String sign = body.getData();
```

> **注意** 》》》》》》
>
> sign 就是请求到的签名。
>
> execute()会抛出异常，这里先不做处理，稍后所有上传操作完成以后，可以为这个方法整体捕获一次异常，作为上传失败的提示信息。
>
> 网络请求为耗时操作，添加等待提示框。

2）上传封面图片

① 随机生成保存到腾讯云上的封面图片名称。

在 AddHouseActivity.java 类中添加方法：

```
        public String getUniqueStringPic() {
    return UUID.randomUUID().toString().replace("-", "") + Long.toHexString(new
Date().getTime()) + Long.toHexString(System.nanoTime())+".png";

    }
```

② 打开 AdminService.java 类，实现代码如下（该上传地址由腾讯云服务器提供，具体可参考"任务 7.2 客户端实现"→"知识准备"→"上传照片和视频"中的内容）：

```
                @Multipart
                @POST("http://sh.file.myqcloud.com/files/v2/1253440178/panorama/{fileID}?
            op=upload")
                Call<JsonResponse> uploadFile(
                        @Header("Authorization") String authorization,
                        @Path("fileID") String fileID,
                        @Part MultipartBody.Part file
                );
```

③ 在 AddHouseActivity.java 类中的 submitFormAsync 方法中实现上传文件的代码:

```
                String coverPictureURI = getUniqueStringPic();
                RequestBody requestFile = RequestBody.create(MediaType.parse("multipart/form-data"),
            coverPictureData);
                MultipartBody.Part part = MultipartBody.Part.createFormData("filecontent", cover
            PictureURI, requestFile);
                HttpServiceManager.getInstance().getAdminService().uploadFile(sign, cover
            PictureURI, part).execute();
```

3）上传全景视频

因为录制的全景视频文件超过了 20 MB 大小，因此选用腾讯云提供的分片式上传方法上传视频文件。

① 将电子资源中的 JAR 包复制到 app 目录下的 libs 文件夹下，如图 7-2-4 所示。

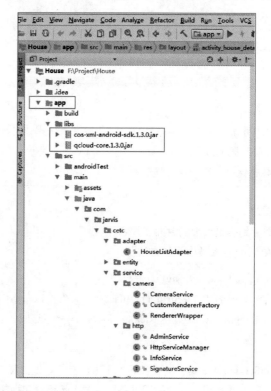

图 7-2-4
拷贝 JAR 包

194

② JAR 包复制进去后，右击 JAR 包，在弹出的快捷菜单中选择"add as library"命令。

③ 随机生成保存到腾讯云上的视频名称。

在 AddHouseActivity.java 类中添加方法：

```
    public String getUniqueStringRecord() {
return UUID.randomUUID().toString().replace("-", "") + Long.toHexString(new
Date().getTime()) + Long.toHexString(System.nanoTime()) + ".mp4";
    }
```

④ 添加需要使用变量参数（此处需要按照之前介绍的知识点来修改自己的项目）。

```
    private static final String appid = "1253440178";
private static final String region = "ap-shanghai";
private static final String BUCKET = "panorama";
private static final String secretId = "AKID5vumU1FdnpmidkBDi49AINI1YQZalM2c";
private static final String secretKey = "b8UfjgWC8yeN1Yw9AzeJqCNOE89zlS4a";
long keyDuration = 600; //SecretKey 的有效时间，单位秒
```

⑤ 将电子资源中的 LocalSessionCredentialProvider.java 复制到 com.jarvis.cetc.util 包，这是上传视频需要用的签名文件类。

⑥ 添加上传视频的代码，在 AddHouseActivity.java 文件中封装一个 uploadRecord 方法，传入视频名字：

```
    private void uploadRecord(String name) {
    }
```

在 uploadRecord()方法中创建 CosXmlServiceConfig 对象，根据需要修改默认的配置参数：

```
CosXmlServiceConfig cosXmlServiceConfig = new CosXmlServiceConfig.Builder()
    .setAppidAndRegion(appid, region)
    .setDebuggable(true)
    .builder();
```

创建获取签名类：

```
LocalSessionCredentialProvider localCredentialProvider = new LocalSessionCredential
Provider(secretId, secretKey, keyDuration);
```

创建 CosXmlService 对象，实现对象存储服务各项操作：

```
Context context = getApplicationContext(); //应用的上下文
CosXmlService cosXmlService = new CosXmlService(context, cosXmlServiceConfig,
localCredentialProvider);
```

创建 UploadService 对象：

```
                UploadService.ResumeData resumeData = new UploadService.ResumeData();
            resumeData.bucket = BUCKET;
            resumeData.cosPath = name; //格式如 cosPath = "/test.txt";
resumeData.srcPath = getExternalCacheDir().getPath() + File.pathSeparator +
TEMP_PANORAMA_FILE_NAME; // 如 srcPath =Environment.getExternal
StorageDirectory().getPath() + "/test.txt";
resumeData.sliceSize = 1024 * 1024; //每个分片的大小
resumeData.uploadId = null; //若是续传，则 uploadId 不为空
UploadService uploadService = new UploadService(cosXmlService, resumeData);
```

设置进度显示：

```
            uploadService.setProgressListener(new CosXmlProgressListener() {
            @Override
public void onProgress(long progress, long max) {
int result = (int) (progress * 100.0 / max);
        Log.w("TEST", "progress =" + (long) result + "%");
submittingDialog.setProgress(result);
    }
});
```

调用上传方法：

```
        try {
        CosXmlResult cosXmlResult = uploadService.upload();
//上传成功
        Log.w("TEST", "success: " + cosXmlResult.accessUrl);


    } catch (CosXmlClientException e) {
submittingDialog.dismiss();
        Toast.makeText(AddHouseActivity.this, R.string.submit_fail, Toast.LENGTH_
SHORT).show();
//抛出异常
Log.w("TEST", "CosXmlClientException =" + e.toString());
    } catch (CosXmlServiceException e) {
submittingDialog.dismiss();
        Toast.makeText(AddHouseActivity.this, R.string.submit_fail, Toast.LENGTH_
SHORT).show();
//抛出异常
Log.w("TEST", "CosXmlServiceException =" + e.toString());
    }
```

整合代码，完整的上传视频代码如下：

```java
private void uploadRecord(String name) {
//创建 CosXmlServiceConfig 对象，根据需要修改默认的配置参数
CosXmlServiceConfig cosXmlServiceConfig = new CosXmlServiceConfig.Builder()
        .setAppidAndRegion(appid, region)
        .setDebuggable(true)
        .builder();

//创建获取签名类(请参考下面的生成签名示例，或者参考 SDK 中提供的
ShortTimeCredentialProvider 类）
LocalSessionCredentialProvider localCredentialProvider = new LocalSessionCredential
Provider(secretId, secretKey, keyDuration);

//创建 CosXmlService 对象，实现对象存储服务各项操作.
Context context = getApplicationContext(); //应用的上下文

CosXmlService cosXmlService = new CosXmlService(context, cosXmlServiceConfig,
localCredentialProvider);

    UploadService.ResumeData resumeData = new UploadService.ResumeData();
    resumeData.bucket = BUCKET;
    resumeData.cosPath = name; //格式如 cosPath = "/test.txt";
    resumeData.srcPath = getExternalCacheDir().getPath() + File.pathSeparator +
TEMP_PANORAMA_FILE_NAME; // 如 srcPath =Environment.getExternalStorage
Directory().getPath() + "/test.txt";
    resumeData.sliceSize = 1024 * 1024; //每个分片的大小
    resumeData.uploadId = null; //若是续传，则 uploadId 不为空
    UploadService uploadService = new UploadService(cosXmlService, resumeData);

    /*设置进度显示
    实现 CosXmlProgressListener.onProgress(long progress, long max)方法，
      progress 已上传的大小， max 表示文件的总大小
      */
    uploadService.setProgressListener(new CosXmlProgressListener() {
        @Override
    public void onProgress(long progress, long max) {
    int result = (int) (progress * 100.0 / max);
        Log.w("TEST", "progress =" + (long) result + "%");
    submittingDialog.setProgress(result);
        }
    });
    try {
```

```
        CosXmlResult cosXmlResult = uploadService.upload();

        Log.w("TEST", "success: " + cosXmlResult.accessUrl);


    } catch (CosXmlClientException e) {
submittingDialog.dismiss();
//抛出异常
Log.w("TEST", "CosXmlClientException =" + e.toString());
        Toast.makeText(AddHouseActivity.this, R.string.submit_fail, Toast.LENGTH_
SHORT).show();
        } catch (CosXmlServiceException e) {
submittingDialog.dismiss();
//抛出异常
Log.w("TEST", "CosXmlServiceException =" + e.toString());
        Toast.makeText(AddHouseActivity.this, R.string.submit_fail, Toast.LENGTH_
SHORT).show();
    }
}
```

⑦ 调用封装好的上传视频方法。在 submitFormAsync 方法下添加代码：

```
String panoramaURI = getUniqueStringRecord();
uploadRecord(panoramaURI);
```

4）将数据添加到服务器

① 网络接口 AdminService。

打开 AdminService.java 类，实现代码如下：

```
    @POST("houses/add")
Call<JsonResponse> addManagedHouses(
    @Body House house
);
```

② 网络请求接口使用。

打开 AddHouseActivity.class，调用提交房源的方法：

```
    inputData.setCoverPictureURI(coverPictureURI);
    inputData.setPanoramaVideoURI(panoramaURI);
    JsonResponse jsonBody = HttpServiceManager.getInstance().getAdminService().
addManagedHouses(inputData).execute().body();
```

③ 数据处理。

```
if(jsonBody == null) {
        Log.e(TAG, "submit run: receive empty body when submit");
```

```
        submittingDialog.dismiss();
        Toast.makeText(AddHouseActivity.this, R.string.submit_fail, Toast.LENGTH_SHORT).
show();
        return;
                }
    if (jsonBody.getCode() != 200) {
                runOnUiThread(new Runnable() {
                    @Override
    public void run() {
                        submittingDialog.dismiss();
                        Toast.makeText(AddHouseActivity.this, R.string.submit_fail, Toast.
LENGTH_SHORT).show();
                    }
                });
                Log.e(TAG, "run: submit fail " + jsonBody.getMessage());
    return;
                }
    // 提交成功
    runOnUiThread(new Runnable() {
                @Override
    public void run() {
                    Toast.makeText(AddHouseActivity.this, R.string.submit_success, Toast.
LENGTH_SHORT).show();
                    finish();
                }
        });
```

5）整合代码

将 3 部分代码整合在一起，完整的提交房源代码如下：

```
        private void submitFormAsync() {
    final House inputData = getUserInput();
    // check valid
    try {
        checkFormValid(inputData);
        } catch (InvalidFormException e) {
        Toast.makeText(this, e.getMessage(), Toast.LENGTH_SHORT).show();
    return;
        }
    submittingDialog.show();
    // start an asyncTask(Thread) to submit
    new Thread(new Runnable() {
```

```java
        @Override
    public void run() {
    // request sign
    try {
    // request signature for uploading to q-cloud cos server
    JsonResponse<String> body = HttpServiceManager.getInstance().getSignatureService().
queryMultiEffectSign().execute().body();
    if (body == null) {
            Log.e(TAG, "submit run: receive empty body when request sign");
        submittingDialog.dismiss();
    Toast.makeText(AddHouseActivity.this, R.string.submit_fail, Toast.LENGTH_
SHORT).show();
    return;
            }
            String sign = body.getData();
    // upload files
            // generate unique fileID
    String coverPictureURI = getUniqueStringPic();
            RequestBody requestFile = RequestBody.create(MediaType.parse("multipart/
form-data"), coverPictureData);
            MultipartBody.Part part = MultipartBody.Part.createFormData("filecontent",
coverPictureURI, requestFile);
            HttpServiceManager.getInstance().getAdminService().uploadFile(sign,
coverPictureURI, part).execute();
    // generate unique fileID
    String panoramaURI = getUniqueStringRecord();
            uploadRecord(panoramaURI);
    // reformat

    inputData.setCoverPictureURI(coverPictureURI);
            inputData.setPanoramaVideoURI(panoramaURI);
    // submit
    JsonResponse jsonBody = HttpServiceManager.getInstance().getAdminService().
addManagedHouses(inputData).execute().body();
    if (jsonBody == null) {
            Log.e(TAG, "submit run: receive empty body when submit");
            submittingDialog.dismiss();
    Toast.makeText(AddHouseActivity.this, R.string.submit_fail,Toast.LENGTH_SHORT).
show();
            return;
            }
```

```
if (jsonBody.getCode() != 200) {
        runOnUiThread(new Runnable() {
            @Override
public void run() {
                submittingDialog.dismiss();
                Toast.makeText(AddHouseActivity.this, R.string.submit_fail, Toast.
LENGTH_SHORT).show();
            }
        });
        Log.e(TAG, "run: submit fail " + jsonBody.getMessage());
return;
    }
    // success
    runOnUiThread(new Runnable() {
        @Override
public void run() {
            Toast.makeText(AddHouseActivity.this, R.string.submit_success, Toast.
LENGTH_SHORT).show();
            finish();
        }
    });


    } catch (IOException e) {
        Log.e(TAG, "submit run: fail", e);
        runOnUiThread(new Runnable() {
            @Override
public void run() {
submittingDialog.dismiss();
                Toast.makeText(AddHouseActivity.this, R.string.submit_fail, Toast.
LENGTH_SHORT).show();
            }
        });
    }

    }
}).start();
}
```

🖥 **注意** 〉〉〉〉〉〉

① 该方法内所有代码用 try-catch 包裹住，捕获所有异常。

② 网络请求为耗时操作，应该在子线程中进行。

6）用户操作

在 onCreate 方法中添加单击事件。代码如下，调用了上传服务器的方法：

```
    submitButton.setOnClickListener(new View.OnClickListener() {
        @Override
    public void onClick(View view) {
            submitFormAsync();
        }
    });
```

 项目总结

本项目演示完成了添加房源功能的开发，重点讲述了如何上传图片和视频到腾讯云服务器。腾讯云提供了多种方法实现上传功能，读者如有兴趣，可以自行查阅相关文档，完成对该项目的优化。

 项目实训

【实训题目】

修改图片上传方式。

【实训目的】

熟练使用 SDK，完成使用 SDK 上传小文件的方法。

项目8

详情展示

学习目标

本项目主要完成以下学习目标：

● 熟练使用 Insta360 提供的 HTML5 全景直播文件播放视频。

项目描述

看房人或者中介管理员可以通过单击首页的数据，调用服务器端的获取房源详情接口查看该条房源的详细信息，并且观看录播视频。实现效果如图 1-1-11 和图 1-1-12 所示。

任务 8.1　服务器端实现

任务 8.1
服务器端实现

微课 8.1
服务器端实现

 任务目标

使前台能够通过 ID 查询并返回指定一条房源信息，以便前台获取展示。

 知识准备

有关知识参考项目 1～项目 7 "知识准备"中的内容。

 任务实施

给前台一个只根据 houseID 获取一条数据的接口。

① 在 HouseDao 下新增一个方法：

```
//根据 ID 查询房源信息
House queryByID(int ID);
```

② 在 HouseDaoImpl 中实现：

```
    @Override
public House queryByID(int ID) {
    return sessionFactory.getCurrentSession().get(House.class, ID);
}
```

③ 在 HousesInfoController 中编辑：

```
    @RequestMapping(value = "/{houseID}", method = RequestMethod.GET)
public Response queryOne(@PathVariable int houseID) {
    return new Response<>(200, null, houseDao.queryByID(houseID));
}
```

任务 8.2　客户端实现

任务 8.2
客户端实现

 任务目标

客户端 WebView 通过本地 HTML 加载不同域名的网页实现跨域请求。

微课 8.2
客户端实现

知识准备

1. 跨域访问

跨域访问即通过 HTTP 请求，从一个域去请求另一个域的资源。只要协议、域名、端口有任何一个不同，都会被当作不同的域。对象存储服务针对跨域访问，支持响应 OPTIONS 请求，并根据开发人员设定的规则向浏览器返回具体设置的规则，但服务端并不会校验随后发起的跨域请求是否符合规则。

跨域即跨域访问，简单来说就是 A 网站的 JavaScript 代码试图访问 B 网站，包括提交内容和获取内容。由于安全原因，跨域访问是被各大浏览器所默认禁止的，XmlHttpRequest 也不例外。如果两个页面拥有相同的协议（Protocol）、端口（如果指定）和主机，那么这两个页面就属于同一个源（Origin），JavaScript 允许这种同源页面的数据互相通信。

2. 端口和协议

一般生产项目中 Web 页面是"看不见"端口号的，其实是默认端口 80。目前网络劫持盛行，因此流行使用安全协议 HTTPS 来避免劫持。这里使用域名来指定一台主机，当然读者也可以直接使用 IP 地址，重点在于不能认为jandou.com与www.jandou.com是同一域名。实际上，www.jandou.com是一个二级域名，而jandou.com俗称为裸域。

所谓同源，是指域名、协议、端口均相同。其案例见表 8-2-1。

表 8-2-1　同源列表说明

URL	说　明	是否允许通信
http://www.a.com/a.js http://www.a.com/b.js	同一域名下	允许
http://www.a.com/lab/a.js http://www.a.com/script/b.js	同一域名下不同文件夹	允许
http://www.a.com:8000/a.js http://www.a.com/b.js	同一域名，不同端口， 看不见的端口号是默认端口 80	不允许
http://www.a.com/a.js https://www.a.com/b.js	同一域名，不同协议	不允许
http://www.a.com/a.js http://70.32.92.74/b.js	域名和域名对应 IP	不允许
http://www.a.com/a.js http://script.a.com/b.js	主域相同，子域不同	不允许
http://www.a.com/a.js http://a.com/b.js	同一域名，不同二级域名	不允许（Cookie 在这种情况下也不允许访问）
http://www.cnblogs.com/a.js http://www.a.com/b.js	不同域名	不允许

webview 是 Android 开发中常用的一个控件。它可以加载本地的 HTML 文件，也可以直接加载一个已存在的有效网络连接，但是当加载本地的 HTML 时，通过本地的 HTML 去加载不同域名的网页可能会发生跨域请求问题，如图 8-2-1 所示。出现这种问题可以用 JS 的方式解决，也可以用 Java 的方式解决。

图 8-2-1
跨域请求错误提示

提示错误：No 'Access-Control-Allow-Origin' header is present on the requested resource. Origin 'null' is therefore not allowed access.

碰到此种情况，在 loadurl（"有效链接"）方法之前，添加以下几行代码即可解决：

```
try {
if (Build.VERSION.SDK_INT >= 16) {
    Class<?> clazz = webView.getSettings().getClass();
    Method method = clazz.getMethod(
        "setAllowUniversalAccessFromFileURLs", boolean.class);//利用反射机制
去修改设置对象
    if (method != null) {
        method.invoke(webView.getSettings(), true);//修改设置
      }
    }
} catch (IllegalArgumentException e) {
e.printStackTrace();
} catch (NoSuchMethodException e) {
e.printStackTrace();
} catch (IllegalAccessException e) {
e.printStackTrace();
} catch (InvocationTargetException e) {
e.printStackTrace();
}
```

任务实施

（1）打开项目

打开 Android Studio 导入本书提供的配套项目包，或者打开上一项目完成的项目包

（2）导入该任务需要使用的开源项目

打开 app 目录下的 build.gradle 文件，在 dependencies 字段下添加代码：

```
compile'com.android.support:design:25.3.1'
```

修改 dependencies 下引用的 appcompat-v7 改为 25.3.1。具体代码为：

```
implementation 'com.android.support:appcompat-v7:25.3.1'
```

（3）新建 HouseDetailActivity

在 com.jarvis.cetc 包下新建 HouseDetailActivity.java，继承 AppCompatActivity，实现 onCreate 方法，代码如下：

```
public class HouseDetailActivity extends AppCompatActivity {
```

```
    @Override
protected void onCreate(@Nullable Bundle savedInstanceState) {
super.onCreate(savedInstanceState);
    }
}
```

（4）注册 Activity

新建的 Activity 需要在 androidmanifest.xml 中进行注册。

```
    <activity android:name=".HouseDetailActivity">
</activity>
```

（5）绘制房源详情页面

在 res/layout 目录下新建 activity_house_detail.xml，绘制房源详情页面。具体代码可见电子资源 activity_ house_detail.xml。

（6）沉浸式标题栏效果

为该页添加标题栏沉浸式效果，在 HouseDetailActivity.java 文件的 onCreate 方法中添加代码：

```
    getWindow().requestFeature(Window.FEATURE_NO_TITLE);
Window window = getWindow();
window.clearFlags(WindowManager.LayoutParams.FLAG_TRANSLUCENT_STATUS);
window.getDecorView().setSystemUiVisibility(View.SYSTEM_UI_FLAG_LAYOUT_FULLSCREEN
    | View.SYSTEM_UI_FLAG_LAYOUT_HIDE_NAVIGATION
    | View.SYSTEM_UI_FLAG_LAYOUT_STABLE);
window.addFlags(WindowManager.LayoutParams.FLAG_DRAWS_SYSTEM_BAR_BACKGROUNDS);
    //设置标题栏透明
window.setStatusBarColor(Color.TRANSPARENT);
```

（7）调用布局文件

在 HouseDetailActivity 的 onCreate 中设置调用其布局文件，代码如下：

```
setContentView(R.layout.activity_house_detail);
```

（8）添加控件引用

添加控件引用，以实现对 ButterKnife 初始化操作。

在 HouseDetailActivity.java 类中用 ButterKnife 的方法取得该页所有控件，代码如下：

```
    private static final String TAG = "HouseDetailActivity";

@BindView(R.id.house_detail_toolbar)
```

```
Toolbar toolbar;

@BindView(R.id.house_detail_toolbar_layout)
CollapsingToolbarLayout collapsingToolbarLayout;

@BindView(R.id.house_detail_fab)
FloatingActionButton fab;

@BindView(R.id.house_detail_cover)
ImageView houseCover;

@BindView(R.id.house_detail_title)
TextView houseTitleText;

@BindView(R.id.house_detail_location)
TextView houseLocationText;

@BindView(R.id.house_detail_price)
TextView housePriceText;

@BindView(R.id.house_detail_size)
TextView houseSizeText;

@BindView(R.id.house_detail_introduction)
TextView houseIntroductionText;

@BindView(R.id.house_detail_contact)
TextView houseContactText;
    private String panoramaURI;
```

在 onCreate 中完成对 ButterKnife 的初始化操作。

```
ButterKnife.bind(this);
```

 注意 〉〉〉〉〉》》

此步骤在每个新建页面中必须操作。

（9）toolbar 的使用

为该页面设置 toolbar，在 onCreate 方法中添加代码：

```
setSupportActionBar(toolbar);
```

（10）返回键监听

在 onCreate 方法中，完成对左上角"返回"按钮的单击事件的监听，实现方法 finish，

用来关闭当前详情页面，代码如下：

```
    toolbar.setNavigationOnClickListener(new View.OnClickListener() {
    @Override
public void onClick(View v) {
    finish();
        }
});
```

（11）构建网络请求

① 网络接口 InfoService。

在 com.jarvis.cetc.service.http 包下，打开 InfoService.java 类，实现代码如下：

```
    @GET("houses/{houseID}")
Call<JsonResponse<House>> queryOneHouse(
    @Path("houseID") int houseID
);
```

② 网络请求接口使用。

在 HouseDetailActivity.java 类中调用详情方法（其中 houseID 是房源的 ID 号）：

```
    /**
  * 异步加载数据
  *
  * @param houseID  房屋ID
  */
private void loadDataAsync(final int houseID) {

HttpServiceManager.getInstance().getInfoService().queryOneHouse(houseID).enque
ue(new Callback<JsonResponse<House>>() {
    @Override
public void onResponse(@NonNull Call<JsonResponse<House>> call, @NonNull
Response<JsonResponse<House>> response) {
//请求成功的回调
    }


    @Override
public void onFailure(@NonNull Call<JsonResponse<House>> call, @NonNull
Throwable t) {
//请求失败的回调
    }
  });
}
```

（12）处理数据

① 网络请求失败时会执行 onFailure 回调。在此方法中添加错误处理代码：

```
            runOnUiThread(new Runnable() {
            @Override
        public void run() {
                Toast.makeText(HouseDetailActivity.this, R.string.bad_connection, Toast.
LENGTH_SHORT).show();
            }
        });
```

② 网络请求成功时会执行 onResponse 回调。在此方法中添加成功处理代码：

```
            JsonResponse<House> body = response.body();
        if (body == null) {
            Log.e(TAG, "loadDataAsync onResponse: no responseBody");
        return;
        }
        if (body.getCode() != 200) {
            Log.e(TAG, "loadDataAsync onResponse: " + body.getMessage());
        return;
        }
        final House house = body.getData();
        if (house == null) {
            Log.e(TAG, "loadDataAsync onResponse: data null");
        return;
        }
        // set up ui
        runOnUiThread(new Runnable() {
            @Override
        public void run() {
        houseTitleText.setText(house.getTitle());
        houseLocationText.setText(house.getLocation());
        housePriceText.setText(house.getPrice());
        houseSizeText.setText(house.getSize());
        houseContactText.setText(house.getContact());
        houseIntroductionText.setText(house.getIntroduction());
        houseContactText.setText(house.getContact());
                panoramaURI= house.getPanoramaVideoURI();

        Glide.with(HouseDetailActivity.this).load("http://panorama-1253440178.cossh.my
qcloud.com/"+house.getCoverPictureURI()).into(houseCover);
```

210

```
            }
    });
```

（13）页面跳转功能实现

在房源列表添加单击事件，将该条数据的房源 ID 通过页面数据传递的方法，传递到
详情页，以供调用详情接口使用。打开 MainActivity.java，在 onCreate 方法中为 listView
添加 OnItemClickListener 事件，代码如下：

```java
houseList.setOnItemClickListener(new AdapterView.OnItemClickListener() {
    @Override
    public void onItemClick(AdapterView<?> parent, View view, int position, long l) {
        Intent intent = new Intent(MainActivity.this, HouseDetailActivity.class);
        intent.putExtra("houseID", houseListAdapter.getHouseID(position));
        startActivity(intent);
    }
});
```

（14）用户操作时进行的网络请求

在 HouseDetailActivity.java 类中定义房源 ID 变量以接收上一个页面传递过来的数据。

```java
privateint houseID;
```

在 onCreate 方法中接收上一个页面接收到的数据，并且调用详情页接口，代码如下：

```java
Intent intent = this.getIntent();
// 从上一个页面获取 receivedHouseID
int receivedHouseID = intent.getIntExtra("houseID", -1);
// 如果 receivedHouseID==-1 表示为脏数据
if (receivedHouseID == -1) {
    Toast.makeText(getApplicationContext(), "Fatal error: no houseID received",
    Toast.LENGTH_SHORT).show();
    this.finish();
} else {
    houseID = receivedHouseID;
}
// 调取网络请求
loadDataAsync(houseID);
```

（15）HTML5 全景播放页面

① 新建 PanoramaViewActivity。

在 com.jarvis.cetc 包下新建 PanoramaViewActivity.java。继承 AppCompatActivity，实
现 onCreate 方法，代码如下：

```
                    public class PanoramaViewActivity extends AppCompatActivity {
          @Override
          protected void onCreate(@Nullable Bundle savedInstanceState) {
          super.onCreate(savedInstanceState);
              }
          }
```

② 注册 Activity。

新建的 activity 需要在 androidmanifest.xml 中进行注册。

```
                    <activity android:name=".PanoramaViewActivity">
          </activity>
```

③ 绘制播放页面。

在 res/layout 目录下新建 activity_panorama_view.xml，绘制管理页面。具体代码可见
电子资源 activity_panorama_view.xml。

④ 调用布局文件。

在 PanoramaViewActivity 的 onCreate 中设置调用其布局文件，代码如下：

```
          setContentView(R.layout. activity_panorama_view);
```

⑤ 添加本地 HTML 文件。

将电子资源中 assets 文件夹整个复制到 src/main 包下，如图 8-2-2 所示。

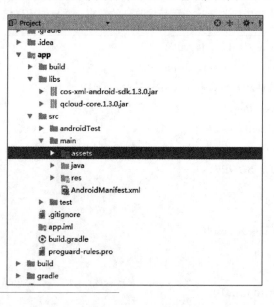

图 8-2-2
assets 文件夹

⑥ 添加控件引用，实现对 ButterKnife 初始化操作。

在 PanoramaViewActivity.java 类中用 ButterKnife 的方法取得该页面所有控件，代码
如下：

```
                    private static final String DEFAULT_PANORAMA_URI = "test.mp4";
          @BindView(R.id.panorama_view)
```

```
WebView panoramaView;

@BindView(R.id.go_back_button)
ImageButton goBackButton;
```

在 onCreate 里完成对 ButterKnife 的初始化操作。

```
ButterKnife.bind(this);
```

 **注意** 〉〉〉〉〉〉〉》

此步骤在每个新建页面中必须操作。

⑦ 返回键监听。

为左上角"返回"按钮添加单击事件，实现方法 finish，用来关闭当前播放页面，代码如下：

```
goBackButton.setOnClickListener(new View.OnClickListener() {
    @Override
public void onClick(View v) {
        finish();
    }
});
```

⑧ 页面跳转。

打开 HouseDetailActivity.java 文件，为"查看全景视频"按钮添加单击事件，传入视频名称，跳转到下一个页面，在 onCreate 方法中添加如下代码：

```
this.fab.setOnClickListener(new View.OnClickListener() {
    @Override
public void onClick(View view) {
        Intent intent = new Intent(HouseDetailActivity.this, PanoramaViewActivity.class);
        intent.putExtra("panoramaURI", panoramaURI);
            intent.putExtra("type", "record");
        startActivity(intent);
        Snackbar.make(view, "全景播放正在打开", Snackbar.LENGTH_LONG)
            .setAction("Action", null).show();
    }
});
```

⑨ 跨域请求。

打开 PanoramaViewActivity.java 文件，为 WebView 添加跨域请求权限，在 onCreate 方法中添加如下代码：

```
if (Build.VERSION.SDK_INT >= Build.VERSION_CODES.JELLY_BEAN) {
panoramaView.getSettings().setAllowUniversalAccessFromFileURLs(true);
```

```
        } else {
        try {
            Class<?> clazz = panoramaView.getSettings().getClass();
            Method method = clazz.getMethod("setAllowUniversalAccessFromFileURLs",
boolean.class);
            if (method != null) {
                method.invoke(panoramaView.getSettings(), true);
            }
        } catch (NoSuchMethodException e) {
          e.printStackTrace();
        } catch (InvocationTargetException e) {
          e.printStackTrace();
        } catch (IllegalAccessException e) {
          e.printStackTrace();
        }
    }
```

⑩ 加载视频地址。

在 PanoramaViewActivity.java 类中获取上一个页面传来的视频名称，拼接出视频全地址，在 onCreate 方法中添加如下代码：

```
        Intent intent = this.getIntent();
        String panoramaURI = intent.getStringExtra("panoramaURI");
            //获取播放类型
        String type = intent.getStringExtra("type");
        if (panoramaURI == null || panoramaURI.isEmpty()) {
          panoramaURI = DEFAULT_PANORAMA_URI;
        }
        panoramaView.getSettings().setJavaScriptEnabled(true);
        panoramaView.getSettings().setAllowContentAccess(true);
        if ("record".equals(type)) {
        panoramaView.loadUrl("file:///android_asset/index.html?url=http://panorama-1
253440178.cossh.myqcloud.com/" + panoramaURI);
        }
        panoramaView.setWebViewClient(new WebViewClient() {
          @Override
        public boolean shouldOverrideUrlLoading(WebView view, WebResourceRequest
request) {
            view.loadUrl(request.getUrl().toString());
        return true;
        }
        });
```

注意 ››››››》》————————————————————————————

此处需要加载的 URL 格式为 **file:///android_asset/index.html?url**=视频网络地址。

此视频的网络地址同图 7-2-3 所示的网络地址。

项目总结

本项目演示完成了房源详情页的开发，重点讲述了使用 Insta360 提供的 HTML 播放视频的方法。如果有兴趣，读者可以继续研究 HTML 文件的源代码，对 HTML 文件进行二次开发，实现更加完美的播放效果。

项目实训

【实训题目】

添加默认点播视频源。

【实训目的】

当点播视频源有问题时，播放预设默认视频源。

项目9

管理员推流功能

学习目标

本项目主要完成以下学习目标：

● 熟练使用 Insta360 提供的 SDK 完成推流功能。

● 了解腾讯云直播推流的 URL。

● 熟练使用腾讯云的 API 在后台进行合成安全的推流和拉流
  地址。

项目描述

　　房产中介管理员可以开启实时直播，供看房人查看房源信息，实现效果如图 1-1-13
所示。

任务 9.1　服务器端实现

任务 9.1
服务器端实现

微课 9.1
服务器端实现

任务目标

- 房源信息是管理员新增，而每个房源只对应一个管理员，所以房源的 ID 和管理员
  的 ID 就可以作为直播频道的一个唯一标识。
- 管理员点击直播之后，后台需要创建直播的推流和拉流地址给前台，并且在数据
  库 house 表中更新房源的推流地址和拉流地址。
- 管理员退出直播，则需要在房源信息中去掉拉流地址和推流地址。

知识准备

1. 直播推流 URL

　　服务器自行拼装，只要符合腾讯云标准规范的 URL 就可以用来推流，如图 9-1-1
所示是一条标准的推流 URL，它由以下 3 部分组成。

　　① 直播码，也叫房间号，推荐用随机数字或者用户 ID，注意一个合法的直播码需
要拼接 BIZID 前缀。

　　② txTime，代表何时该 URL 会过期，格式是十六进制的 UNIX 时间戳，如 5867D60
代表 2017 年 1 月 1 日 0 时 0 点 0 分过期，客户一般会将 txTime 设置为当前时间 24 小时
以后过期。

　　③ txSecret，防盗链签名，防止攻击者伪造后台生成推流 URL。计算方法参考防盗
链的计算。

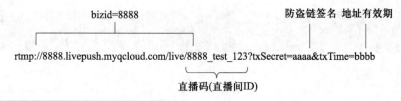

图 9-1-1
标准的推流 URL

2. 防盗链的计算

（1）概念

　　安全防盗链指的是推流和播放 URL 中的 txSecret 字段，其作用是防止攻击者伪造后
台生成推流 URL 或者非法盗取播放地址为自己谋利。

（2）安全原理

为了不让攻击者可以伪造服务器生成推流 URL，需要开发人员在直播管理控制台配置防盗链加密 KEY。由于攻击者无法轻易获得加密 KEY，也就无法伪造出有效的推流 URL，如图 9-1-2 所示。

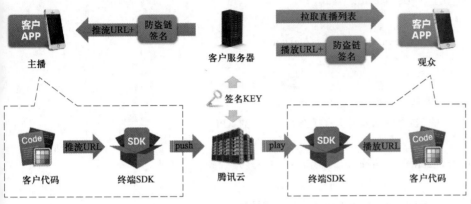

图 9-1-2
腾讯云直播流程示意图

（3）计算过程

① 交换秘钥。

首先，需要在官网的控制台协商一个加密密钥，这个加密密钥用于在服务器上生成防盗链签名，由于腾讯云跟用户持有同样的密钥，所以生成的防盗链签名腾讯云是可以进行解密确认的。加密秘钥分为推流防盗链 KEY 和播放防盗链 KEY，前者用于生成推流防盗链 URL，后者用于生成播放防盗链 URL，目前在腾讯云直播管理控制台上可以自助配置推流防盗链 KEY。

② 生成 txTime。

签名中明文部分为 txTime，含义是该链接的有效期，如当前的时间是 2016-07-29 11:13:45，而且期望新生成的 URL 是在 24 小时后即作废，那么 txTime 就可以设置为 2016-07-30 11:13:45。不过这么长一串时间字符串放在 URL 里显然不太经济，实际使用中可以把 2016-07-30 11:13:45 转换成 UNIX 时间戳，也就是 1469848425（各种后台编程语言都由直接可用的时间函数来进行转换），然后转换成十六进制以进一步压缩字符长度，也就是 txTime=1469848425（十六进制）=579C1B69（十六进制）。客户一般会将 txTime 设置为当前时间 24 小时以后过期，过期时间不要太短，当主播在直播过程中遭遇网络闪断时会重新恢复推流，如果过期时间太短，主播会因为推流 URL 过期而无法恢复推流。

③ 生成 txSecret。

txSecret 的生成方法是=MD5(KEY+ stream_id + txTime)，这里的 KEY 就是在步骤①中配置的加密 KEY，stream_id 在本例中为 8888_test001，txTime 为刚才计算的 579C1B69，MD5 即标准的 MD5 单向不可逆哈希算法。

④ 合成防盗链地址。

现在有推流（或者播放）URL，可以用来告知腾讯云该 URL 过期时间的 txTime，以及只有腾讯云才能解密并且验证的 txSecret，就可以拼合成一个防盗链的安全 URL。

任务实施

依据腾讯云有关直播的 API，本任务进行一个推流、拉流地址的自动拼装。

① 在 util 方法中新建 TectntLiveUtil.java。

```java
    package util;

import java.security.MessageDigest;

/**
 * 腾讯云推流、拉流工具
 * 参考腾讯云关于直播推流、拉流的 API
 */
public class TecentLiveUtil {
    // 用于生成推流防盗链的 KEY
    public static final String key = "******";

    public static final String bizid = "*****";

    public static final String APPID = "******";

    // 用于主动查询和被动通知的 KEY:API 鉴定 KEY
    public static final String API_KEY = "*************";

    /**
     * 推流地址
     */
    public static final String PUSH_URL = "rtmp://" + bizid + ".livepush.myqcloud.
com/live/" + bizid + "_";

    /**
     * APP 拉流地址
     */
    public static final String PULL_URL = "http://" + bizid + ".liveplay.myqcloud.
com/live/"+ bizid + "_";

    /**
     * 这是推流防盗链的生成  KEY+ streamId + txTime
     *
     * @param key
     *      防盗链使用的 KEY
```

```java
 * @param streamId
 *        通常为直播码.示例:bizid+房间 id
 * @param txTime
 *        到期时间
 * @return
 * @author lnexin@aliyun.com
 */
public static String getSafeUrl(String key, String streamId, long txTime) {
    String input = new StringBuilder().append(key).append(streamId).append(Long.
toHexString(txTime).toUpperCase()).toString();

    String txSecret = null;

    txSecret = stringToMD5(input);

    return txSecret == null ? "" : new StringBuilder().append("txSecret=").append
(txSecret).append("&").append("txTime=").append(Long.toHexString(txTime).toUpper
Case()).toString();
}

/**
 * 推流地址生成
 */
public static String getPushUrl(String roomId) {
    Long now = System.currentTimeMillis() + 60L * 60L * 24L * 30L * 1000L;
// 要转换成 long 类型，不然为负数
    // 当前毫秒数+需要加上的时间毫秒数 = 过期时间毫秒数
    Long txTime = now / 1000;// 推流码过期时间秒数

    String safeUrl = getSafeUrl(key, bizid + "_" + roomId, txTime);

    String realPushUrl = PUSH_URL + roomId + "?bizid=" + bizid + "&" + safeUrl;

    return realPushUrl;
}

/**
 * APP 拉流地址获得
 */
public static String getPullUrl(String owenrId) {
    String appPullUrl = PULL_URL + owenrId + ".m3u8";
```

221

```
                return appPullUrl;
            }

        public static String stringToMD5(String str) {
            try {
                byte[] strTemp = str.getBytes();
                MessageDigest mdTemp = MessageDigest.getInstance("MD5");
                mdTemp.update(strTemp);
                return toHexString(mdTemp.digest());
            } catch (Exception e) {
                return null;
            }
        }

        private static String toHexString(byte[] md) {
            char hexDigits[] = { '0', '1', '2', '3', '4', '5', '6', '7', '8', '9',
                'a', 'b', 'c', 'd', 'e', 'f' };
            int j = md.length;
            char str[] = new char[j * 2];
            for (int i = 0; i < j; i++) {
                byte byte0 = md[i];
            str[2 * i] = hexDigits[byte0 >>> 4 & 0xf];
            str[i * 2 + 1] = hexDigits[byte0 & 0xf];
            }
            return new String(str);
        }
    }
```

② 具体在 HouseDao 中新增方法。

```
    //更新房源信息
void update(House house);
```

③ 在 HouseDaoImpl 中实现此方法。

```
    @Override
public void update(House house) { sessionFactory.getCurrentSession().update(house);
}
```

④ 最后，在 HouseInfoController 中具体编辑，代码如下。

```
    //开始直播
@RequestMapping(value = "/liveStart")
public Response liveStrart(@LoginAdminID String adminID, @RequestParam int
```

```
houseID){
        String roomId = adminID+houseID;
        // 腾讯云获取推流地址、拉流地址
        String pushUrl = TecentLiveUtil.getPushUrl(roomId);
        String pullUrl = TecentLiveUtil.getPullUrl(roomId);
        House house = houseDao.queryByID(houseID);
        house.setPushUrl(pushUrl);
        house.setPullUrl(pullUrl);
        houseDao.update(house);
        return new Response<>(200, "success",house);
    }


    //结束直播：将数据库中推流和拉流地址置空
    @RequestMapping(value = "/liveStop")
    public Response liveStop(@LoginAdminID String adminID, @RequestParam int
houseID){
        House house = houseDao.queryByID(houseID);
        house.setPushUrl("");
        house.setPullUrl("");
        houseDao.update(house);
        return Response.success();
    }
```

任务 9.2　客户端实现

 任务目标

直播功能的实现，利用 Insta360 提供的 SDK，将视频流推送到腾讯云服务器提供的推流地址。

知识准备

任务 9.2
客户端实现

微课 9.2
客户端实现

直播基础知识

（1）移动直播架构

推流、拉流应用如图 9-2-1 所示。

（2）推流、直播含义

● 推流：主播将本地视频源和音频源推送到腾讯视频云服务器，在有些场景中也被称为 RTMP 发布。

● 直播：直播的视频源是实时生成的，有人推流直播才有意义。所以，一旦主播停播，直播 URL 也就失效了。由于是实时直播，所以播放器在播直播视频时是没有进度条的。

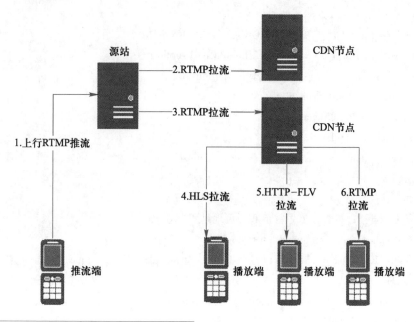

图 9-2-1
移动直播架构

（3）常见的直播协议

目前常见的直播协议有 RTMP、FLV 和 HLS 3 种。

- RTMP：该协议比较全能，既可以用来推送，又可以用来直播。其核心理念是将大块的视频帧和音频帧"剁碎"，然后以小数据包的形式在互联网上进行传输，而且支持加密，因此隐私性相对比较理想，但拆包、组包的过程比较复杂，所以在海量并发时也容易出现一些不可预期的稳定性问题。

- FLV：该协议由 Adobe 公司主推，格式极其简单，只是在大块的视频帧和音视频头部加入一些标记头信息，由于这种极致的简洁，在延迟表现和大规模并发方面都很成熟。唯一的不足就是在手机浏览器上的支持非常有限，但是用作手机端 APP 直播协议却异常合适。

- HLS：该协议是由苹果公司推出的解决方案。它将视频分成 5～10 秒的视频小分片，然后用 M3U8 索引表进行管理，由于客户端下载到的视频都是 5～10 秒的完整数据，故视频的流畅性很好，但也同样引入了很大的延迟（HLS 的一般延迟在10～30 秒）。相比于 FLV 协议，HLS 协议在 iPhone 和大部分 Android 手机浏览器上的支持非常给力，所以常用于 QQ 和微信朋友圈的 URL 分享。

常见直播协议的优缺点对比见表 9-2-1。

表 9-2-1　常见直播协议优缺点对比

直 播 协 议	优 　 点	缺 　 点
FLV	成熟度高，高并发无压力	需集成 SDK 才能播放
RTMP	优质线路下理论延迟最低	高并发情况下表现不佳
HLS（M3U8）	手机浏览器支持度高	延迟非常高

（4）常见的点播协议

目前常见的点播协议有 MP4、HLS 和 FLV 3 种。

- MP4：非常经典的文件格式，在移动终端和 PC 端浏览器上的支持度都很好（在 iOS 和大部分 Android 设备上，都可以使用系统浏览器进行播放，在 PC 端可以使用 Flash 控件进行播放）。但是 MP4 的视频文件格式比较复杂，所以处理成本高，而且由于索引表复杂度高，导致时长稍大（如 30 分钟）的 MP4 文件在线播放时加载速度会很慢。

- HLS：苹果公司力推的标准，在移动终端浏览器上的支持度较好，但 IE 的支持情况依赖 Flash 的二次开发工作（建议使用腾讯视频云的 Flash 播放器控件）。其精简的 M3U8 的索引结构可以规避 MP4 的索引慢问题，如果是用于点播，是非常不错的选择。

- FLV：Adobe 公司所推的标准，目前直播平台最常用的封装格式，在 PC 端有 Flash 的强力支持，但在移动终端只有 APP 实现播放器才有可能支持（或者使用本播放器），大部分手机端浏览器均不支持。目前腾讯视频云的直播录制，采用的就是 FLV 视频格式。

常见点播协议的优缺点对比见表 9-2-2。

表 9-2-2　常见点播协议优缺点对比

点 播 协 议	优 点	缺 点
HLS（M3U8）	手机端浏览器支持度高	大量小分片的文件组织形式，错误率和维护成本均高于单一文件
MP4	手机端浏览器支持度高	格式过于复杂和娇贵，容错性很差，对播放器的要求很高
FLV	格式简单问题少，适合直播转录制场景	手机端浏览器支持差，需集成 SDK 才能播放

（5）常见的推流协议

虽然 RTMP 在直播领域不是特别流行，但是在推流服务，也就是主播→服务器这个方向上，RTMP 则居于主导地位。目前国内的视频云服务都以 RTMP 为主要推流协议。由于腾讯视频云 SDK 的第 1 个功能模块就是主播推流，所以也被称为 RTMP SDK。

 任务实施

（1）打开项目

打开 Android Studio 导入本书提供的配套项目包，或者打开完成的项目包。

（2）新建 LivePushActivity

在 com.jarvis.cetc 包下新建 LivePushActivity.class，继承 AppCompatActivity，实现 onCreate 方法，代码如下：

```
public class LivePushActivityextends AppCompatActivity {
@Override
protected void onCreate(@Nullable Bundle savedInstanceState) {
```

```
        super.onCreate(savedInstanceState);
    }
}
```

（3）注册 Activity

新建的 Activity 需要在 AndroidManifest.xml 中进行注册。

```
            <activity android:name=".LivePushActivity">
</activity>
```

（4）绘制直播页面

在 res/layout 目录下新建 activity_live_push.xml，绘制直播页面。具体代码可见附件包的 activity_ live_push.xml。

（5）调用布局文件

在 LivePushActivity 的 onCreate 中设置调用其布局文件，代码如下：

```
setContentView(R.layout. activity_live_push);
```

（6）添加控件引用，实现对 ButterKnife 初始化操作

在 LivePushActivity.java 类中用 ButterKnife 的方法取得该页面所有控件，代码如下：

```
    private static final String TAG = "LivePushActivity";
@BindView(R.id.add_house_toolbar)
Toolbar toolbar;
@BindView(R.id.add_house_panorama_preview)
SurfaceView panoramaPreview;
```

在 onCreate 里完成对 ButterKnife 的初始化操作。

```
ButterKnife.bind(this);
```

此步骤在每个新建页面中必须操作。

（7）新建初始化 initUI 方法

在 initUI 方法中添加对 Toolbar 的引用，代码如下：

```
    /**
 * 初始化 UI
 */
private void initUI() {
        toolbar.setTitle("");
    setSupportActionBar(toolbar);


}
```

完成页面初始化工作，在 onCreate 中调用，代码如下：

```
initUI();
```

（8）系统权限

录制视频用到了系统的摄像头和文件存储的权限，所以需要获取添加权限功能。

① 在 AndroidManifest.xml 里添加权限（如果已添加，可跳过此步骤）。

```
    <uses-permission android:name="android.permission.WRITE_EXTERNAL_
STORAGE" />
    <uses-permission android:name="android.permission.READ_EXTERNAL_
STORAGE" />
    <uses-permission android:name="android.permission.CAMERA" />
    <uses-permission android:name="android.permission.RECORD_AUDIO" />

    <uses-feature android:name="android.hardware.camera" />
    <uses-feature android:name="android.hardware.camera.autofocus" />
    <uses-feature android:name="android.hardware.usb.host" />
```

② 在 LivePushActivity.java 类中添加申请权限方法，代码如下：

```
    private void requestPermission() {
    if (ContextCompat.checkSelfPermission(this, Manifest.permission.READ_EXTERNAL_
STORAGE)!= PackageManager.PERMISSION_GRANTED ||
            ContextCompat.checkSelfPermission(this, Manifest.permission.WRITE_
EXTERNAL_STORAGE)!= PackageManager.PERMISSION_GRANTED ||
            ContextCompat.checkSelfPermission(this, Manifest.permission.RECORD_
AUDIO)!= PackageManager.PERMISSION_GRANTED||
            ContextCompat.checkSelfPermission(this, Manifest.permission.CAMERA) !=
PackageManager.PERMISSION_GRANTED) {
        ActivityCompat.requestPermissions(this,
        new String[]{
                Manifest.permission.READ_EXTERNAL_STORAGE,
                Manifest.permission.WRITE_EXTERNAL_STORAGE,
                Manifest.permission.RECORD_AUDIO,
                Manifest.permission.CAMERA
        },
            101);
        }
    }
```

③ 在 onRequestPermissionsResult 权限设置结果回调中，添加如下代码：

```
        @Override
    public void onRequestPermissionsResult(int requestCode, @NonNull String[]
permissions, @NonNull int[] grantResults) {
        if (requestCode != 101)
        super.onRequestPermissionsResult(requestCode, permissions, grantResults);
        boolean permissionNotGrant = false;
        if (permissions.length == 0)
            permissionNotGrant = true;
        else {
        for (int i = 0; i < permissions.length; ++i) {
        if (grantResults[i] != PackageManager.PERMISSION_GRANTED) {
                permissionNotGrant = true;
        break;
            }
          }
        }
        if (permissionNotGrant) {
            Toast.makeText(this, R.string.fail_to_get_camera_permission, Toast.LENGTH_
SHORT).show();
        }
    }
```

④ 在 LivePushActivity.java 的 onResume 方法中添加权限请求方法，代码如下：

```
        @Override
    protected void onResume() {
    super.onResume();
        requestPermission();
    }
```

（9）直播功能的实现

① CameraService 的引用。

打开 LivePushActivity.java 类，定义 CameraService 参数，代码如下：

```
privateCameraServicemCameraService;
```

在 onCreate 方法中添加 mCameraService 的初始化操作，代码如下：

```
mCameraService = CameraService.instance(this.getApplicationContext());
```

② 初始化 EventBus。

初始化 EventBus 操作，用来接收相机各类状态参数的传递，在 onCreate 中添加代码
如下：

```
EventBus.getDefault().register(this);
```

③ 添加 EventBus 事件监听。

添加从 mCameraService 传递过来的 event 事件：

```java
    @Subscribe(threadMode = ThreadMode.MAIN)
public void onOpenEvent(CameraService.OpenEvent event) {
    //相机打开时的回调
  }


    @Subscribe(threadMode = ThreadMode.MAIN)
public void onDetachEvent(CameraService.DetachEvent event) {
    //相机拔出时的回调
  }
@Subscribe(threadMode = ThreadMode.MAIN)
public void onErrorEvent(CameraService.ErrorEvent event) {
    //直播失败时的回调
  }


// record or live push complete
@Subscribe(threadMode = ThreadMode.MAIN)
public void onRecordCompleteEvent(CameraService.RecordCompleteEvent event) {
 //直播完成时的回调
  }


// record or live push error
@Subscribe(threadMode = ThreadMode.MAIN)
public void onRecordErrorEvent(CameraService.RecordErrorEvent event) {
    //直播失败时的回调
  }


@Subscribe(threadMode = ThreadMode.MAIN)
public void onRecordFpsEvent(CameraService.RecordFpsEvent event) {


  }
```

④ 初始化 SurfaceView。

初始化 SurfaceView 展示页面，在 onCreate 方法中添加代码如下：

```java
    panoramaPreview.getHolder().addCallback(new SurfaceHolder.Callback() {
  @Override
public void surfaceCreated(SurfaceHolder holder) {

    }
```

```
        @Override
        public void surfaceChanged(SurfaceHolder holder, int format, int width, int height) {


        }


        @Override
        public void surfaceDestroyed(SurfaceHolder holder) {
              }
});
```

定义 Surface 变量，为 panoramaCameraService 设置 Surface 参数：

```
private Surface panoramaSurface;
```

当 panoramaPreview 创建时会执行 surfaceCreated 的回调，添加如下代码：

```
        panoramaSurface = holder.getSurface();
mCameraService.setSurface(panoramaSurface);
Log.i(TAG, "surfaceCreated: surface created!");
```

当 panoramaPreview 销毁时会执行 surfaceDestroyed 的回调，添加如下代码：

```
    panoramaSurface= null;
mCameraService.setSurface(null);
    Log.i(TAG, "surfaceDestroyed: surface destroyed!");
```

⑤ 页面状态。

定义一个变量来判断当前页面是不是可见状态。代码如下：

```
        private boolean isOnPause=false;
        @Override
protected void onPause() {
  super.onPause();
  isOnPause=true;
}

@Override
protected void onResume() {
  super.onResume();
  requestPermission();
  isOnPause=false;
}
```

　注意　》》》》》》

onResume 方法之前已定义过，此处注意覆盖。

⑥ 相机操作。

开启全景相机，添加 openPanoramaCameraAsync 方法，其实现代码如下：

```
/**
* 开启全景相机（异步）
*/
private void openPanoramaCameraAsync() {
mCameraService.open(null);
}
```

当相机打开以后，mCameraService 类中的 onOpenComplete 回调方法会通过 EventBus 传递到 LivePushActivity 的 onOpenEvent 方法中，需要为相机传递拼接参数，应用于预览流拼接。如果 isOnPause 为 true，则说明该页面不是活跃状态，不执行后续操作。在此方法中添加代码如下：

```
if(isOnPause) {
return;
}
try {
    String offset = mCameraService.readCameraPanoOffset();
mCameraService.updatePanoOffset(offset);
} catch (CameraIOException | UsbIOException e) {
    e.printStackTrace();
}
    // 开始直播
startPanoramaStreamingAndRecording();
```

其中封装 startPanoramaStreamingAndRecording 方法，用来实现开启相机预览流并且开始录制功能，代码如下：

```
/**
* 开始显示全景流，并开始录制（阻塞）
*/
private void startPanoramaStreamingAndRecording() {
}
```

开启相机预览流，定义如下参数。

```
private int panoramaWidth = 1920;
private int panoramaHeight = 960;
private int panoramaFps = 30;
private int panoramaBitrate = 12 * 1024 * 1024;
```

在 startPanoramaStreamingAndRecording 方法中添加设置相机参数和开启相机预览流方法，代码如下：

```
        mCameraService.setSurface(panoramaSurface);
    // 1920x960@30fps H.264 or 2560x1280@30fps H.264
    mCameraService.setVideoParam(panoramaWidth, panoramaHeight, panoramaFps,
        DriverInfo.CAMERA_FRAME_FORMAT_FRAME_BASED_H264,
        panoramaBitrate, TimestampCarryOption.NOT_CONTROL);
        // 打开相机流
    mCameraService.startStreaming();
```

开起推流视频，定义如下参数：

```
privateString tempURI ;
```

在 startPanoramaStreamingAndRecording 方法中添加直播路径，代码如下：

```
mCameraService.enableRecordAudio(true);
mCameraService.startRecord(960, 540, 15, 700*1024, MiniCamera.VIDEO_
FORMAT_FLV,
MiniCamera.VIDEO_TYPE_NORMAL, tempURI);
CameraStatus.panoramaCameraState = RECORDING;
```

 注意 ››››››》—————————————————————

startRecord 里设置的参数尽量按照此高清配置，否则可能会造成直播延迟过大或者有卡顿情况。

停止录制全景，新增 stopRecordPanorama 方法：

```
    /**
    * 停止录制全景
    */
    private void stopRecordPanorama() {
        //关闭直播
    mCameraService.stopRecord();
        //关闭相机流
    mCameraService.stopStreaming();
        CameraStatus.panoramaCameraState = FINISHED;
        }
```

（10）获取推流地址

① 网络接口 AdminService。

在 com.jarvis.cetc.service.http 包下，打开 AdminService.java 类，实现代码如下：

```
    @GET("houses/liveStart")
    Call<JsonResponse<House>> liveStart(@Query("adminID") String adminID,
                        @Query("houseID") int houseID
    );
```

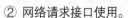

② 网络请求接口使用。

在 LivePushActivity.java 类中，调用获取推流方法如下（其中 adminID 代表用户名，houseID 为房源 ID）：

```
    private void doLiveStartAsync(String adminID, int houseID) {
    AdminService adminService = HttpServiceManager.getInstance().getAdmin
Service();
    adminService.liveStart(adminID, houseID).enqueue(new Callback<JsonResponse
<House>>() {
        @Override
    public void onResponse(@NonNull Call<JsonResponse<House>> call, @NonNull
Response<JsonResponse<House>> response) {
    //请求成功时的回调
        }

        @Override
    public void onFailure(@NonNull Call<JsonResponse<House>> call, @NonNull
Throwable t) {
        //请求失败时的回调
        }
    });
    }
```

③ 处理数据。

网络请求失败时会执行 onFailure 回调。在此方法中添加错误处理代码如下：

```
    Log.e(TAG, "doLiveStartAsync onFailure: " + t.getMessage());
runOnUiThread(new Runnable() {
    @Override
public void run() {
    Toast.makeText(LivePushActivity.this, R.string.bad_connection, Toast.LENGTH_
SHORT).show();
    }
});
```

网络请求成功时会执行 onResponse 回调，获取推流地址。如果相机状态为 IDLE，则调用开启相机的方法；如果不是，则说明相机已打开，可以直接调用直播的方法，在此方法中添加成功处理代码如下：

```
    finalJsonResponse<House> jsonResponse = response.body();
if (jsonResponse == null) {
    Log.e(TAG, "log in onResponse: receive no response body");
} else {
```

233

```
if (jsonResponse.getCode() == 200) {

    House house = jsonResponse.getData();
tempURI = house.getPushUrl();
if (CameraStatus.panoramaCameraState == IDLE) {
    //当相机状态为 IDLE 时，需要打开相机
    openPanoramaCameraAsync();
    } else {
    //相机为打开状态，直接直播
    startPanoramaStreamingAndRecording();

    }

    } else {
runOnUiThread(new Runnable() {
    @Override
public void run() {
        Toast.makeText(LivePushActivity.this, jsonResponse.getMessage(), Toast.
LENGTH_SHORT).show();
    }
    });
    }
    }
```

（11）页面跳转

打开 AdminActivity.java 文件，为"直播"按钮添加单击事件，实现跳转到直播页面
功能，修改 adminHouseList 的单击事件，代码如下：

```
    adminHouseList.setOnMenuItemClickListener(new SwipeMenuListView.
OnMenuItemClickListener() {
    @Override
    public boolean onMenuItemClick(int position, SwipeMenu menu, int index) {
    if (index == 0) {
        deleteHouseAsyncHelp(position);
        }else {
        Intent intent = new Intent(AdminActivity.this, LivePushActivity.class);
        intent.putExtra("houseID",houseListAdapter.getHouseID(position));
        startActivity(intent);

        }
    return false;
    }
    });
```

注意 〉〉〉〉〉〉〉〉

此方法之前已添加，此处注意覆盖。

（12）用户操作

打开 LivePushActivity.java，定义如下变量：

```
private int houseID;
private String adminID;
```

从上一个页面和 SharedPreferences 里取到 houseID 和 adminID，在 onCreate 方法中添加如下代码：

```
Intent intent = this.getIntent();
houseID = intent.getIntExtra("houseID",-1);
SharedPreferences pref = getSharedPreferences("house_demo",MODE_PRIVATE);
adminID = pref.getString("name","");//第 2 个参数为默认值
doLiveStartAsync(adminID,houseID);
```

（13）关闭推流

① 网络接口 AdminService。

在 com.jarvis.cetc.service.http 包下，打开 AdminService.java 类，实现代码如下：

```
    @GET("houses/liveStop")
Call<JsonResponse> liveStop(@Query("adminID") String adminID,
                    @Query("houseID") int houseID
);
```

② 网络请求接口使用。

在 LivePushActivity.java 类中调用关闭推流方法如下（其中 adminID 代表用户名，houseID 为房源 ID）：

```
    private void doLiveStopAsync(String adminID, int houseID) {
    AdminService adminService = HttpServiceManager.getInstance().getAdmin
Service();
    adminService.liveStop(adminID, houseID).enqueue(new Callback<JsonResponse>() {
        @Override
    public void onResponse(@NonNull Call<JsonResponse> call, @NonNull Response
<JsonResponse> response) {
    //网络请求成功时的回调
        }

        @Override
    public void onFailure(@NonNull Call<JsonResponse> call, @NonNull Throwable t) {
```

```
                     //网络请求失败时的回调
        }
    });
}
```

③ 处理数据。

网络请求失败时会执行 onFailure 回调。在此方法中添加错误处理代码如下：

```
        Log.e(TAG, "doLiveStopAsynconFailure: " + t.getMessage());
runOnUiThread(new Runnable() {
    @Override
    public void run() {
        Toast.makeText(LivePushActivity.this, R.string.bad_connection, Toast.LENGTH_
SHORT).show();
    }
});
```

网络请求成功时会执行 onResponse 回调。调用关闭推流的方法，在此方法中添加成功处理代码，如果是在直播状态，则先关闭视频流。代码如下：

```
        final JsonResponse<House> jsonResponse = response.body();
if (jsonResponse == null) {
    Log.e(TAG, "log in onResponse: receive no response body");
} else {
if (jsonResponse.getCode() == 200) {
        runOnUiThread(new Runnable() {
            @Override
    public void run() {
    if (CameraStatus.panoramaCameraState == RECORDING) {
                stopRecordPanorama();
            }
            finish();
        }
    });
    } else {
        runOnUiThread(new Runnable() {
            @Override
    public void run() {
            Toast.makeText(LivePushActivity.this, jsonResponse.getMessage(), Toast.
LENGTH_SHORT).show();
        }
    });
    }
```

```
}
```

（14）返回键的监听

① Toolbar 返回键的监听。

添加对 Toolbar 返回键的监听，如果在直播状态，则需要关闭直播，在 onCreate 方法中添加代码如下：

```
toolbar.setNavigationOnClickListener(new View.OnClickListener() {
    @Override
    public void onClick(View v) {
        doLiveStopAsync(adminID,houseID);
    }
});
```

② 物理返回键的监听。

添加对物理返回键的监听，如果在直播状态，则需要关闭直播，添加如下代码：

```
@Override
public boolean onKeyDown(int keyCode, KeyEvent event) {
    if (keyCode == KeyEvent.KEYCODE_BACK) {
        doLiveStopAsync(adminID,houseID);
    }
    return super.onKeyDown(keyCode, event);
}
```

（15）相机异常状态

① 当直播过程中有 error 时，mCameraService 类中的 onError 回调方法会通过 EventBus 传递到 LivePushActivity 的 onErrorEvent 方法中。当前若为录播状态，需要先停止录播。在此方法中添加代码如下：

```
doLiveStopAsync(adminID, houseID);
mCameraService.close();
CameraStatus.panoramaCameraState = IDLE;
if (isOnPause) {
    return;
}
Toast.makeText(this, "直播错误，退出直播页面", Toast.LENGTH_LONG).show();
```

② 当摄像头拔离手机时，mCameraService 类中的 onDetached 回调方法会通过 EventBus 传递到 LivePushActivity 的 onDetachEvent 方法中。当前若为录播状态，需要先停止录播。在此方法中添加代码如下：

```
doLiveStopAsync(adminID, houseID);
mCameraService.close();
```

```
CameraStatus.panoramaCameraState = IDLE;
if (isOnPause) {
return;
}
Toast.makeText(this, "相机已拔出，退出直播页面", Toast.LENGTH_LONG).show();
```

③ 当直播失败时，mCameraService 类中的 onRecordError 回调方法会通过 EventBus 传递到 LivePushActivity 的 onRecordErrorEvent 方法中，当前若为直播状态，需要先停止直播。在此方法中添加代码如下：

```
doLiveStopAsync(adminID, houseID);
mCameraService.close();
CameraStatus.panoramaCameraState = IDLE;
if (isOnPause) {
return;
}
Toast.makeText(this, "直播错误，退出直播页面", Toast.LENGTH_LONG).show();
```

 ## 项目总结

本项目演示完成了中介管理员推流功能的开发，重点讲述了腾讯云直播的 URL 生成方式。通过本项目的学习，读者将会更加熟练地掌握 Insta360 的 SDK 使用方法。该套 SDK 使用简便，录制视频和直播的方式几乎一致，详细差别可参考官方 API。读者如果有兴趣可自行将该 SDK 进行二次封装，以避免两种功能实现时出现过多的冗余代码。

 ## 项目实训

【实训题目】

封装摄像头调用方法。

【实训目的】

录播和直播的功能大致相同，封装一个工具类，实现统一的调用方法，简化代码的使用。

项目 10

直播功能

 学习目标

本项目主要完成以下学习目标：

- 了解直播卡顿原因，实现直播的流畅播放。

- 了解腾讯云的直播相关 API，并能使用相关 API 进行直播状

  态的查询。

项目描述

当房产中介管理员在直播时，看房人可以进行观看操作。

任务 10.1 服务器端实现

任务 10.1
服务器端实现

微课 10.1
服务器端实现

 任务目标

前台会根据数据库记载的直播地址信息来显示有没有"直播"按钮，但是有特殊情况是，虽然有地址，但是实际没有直播的情况。这时，需要一个具体能在腾讯云平台直接查询直播状态的方法，给予对应的提示以避免这种情况。

 知识准备

腾讯云直播相关 API：查询直播状态。

（1）接口描述

接口：Live_Channel_GetStatus 用于查询某条流是否处于正在直播的状态。

地址：API 调用地址为 http://fcgi.video.qcloud.com/common_access。

用途：用于查询某条流是否处于正在直播的状态，其内部原理是基于腾讯云对音视频流的中断检测而实现的，因此，在实时性上可能不如 APP 的主动上报这么快速和准确，但在进行直播流定时，清理检查时可以作为一种不错的补充手段。

说明 》》》》》》》》——

如果要查询的推流直播码从来没有推过流，会返回 20601 错误码。

（2）输入参数

API 输入参数介绍见表 10-1-1。

表 10-1-1 API 输入参数

参 数 名	参 数 含 义	类 型	备 注	是 否 必 需
appid	客户 ID	int	直播 appid，用于区分不同客户的身份	Y
interface	接口名称	string	如 Get_LivePushStat	Y
t	有效时间	int	UNIX 时间戳（十进制）	Y
sign	安全签名	string	MD5(key+t)	Y
Param.s.channel_id	直播码	string	一次只能查询一条直播流	Y

注意 》》》》》》》》

有些早期提供的 API 中直播码参数被定义为 channel_id，新的 API 则称直播码为 stream_id，仅历史原因而已。

（3）输出结果

API 输出结果参数介绍见表 10-1-2。

表 10-1-2　API 输出结果参数

参 数 名	参 数 含 义	类 型	备 注
ret	返回码	int	0：成功； 其他值：失败
message	错误信息	string	错误信息
output	消息内容	array	详情见表 10-3

output 的主要内容见表 10-1-3。

表 10-1-3　output 主要内容

字 段 名	含 义	类 型	备 注
rate_type	码率	int	0：原始码率； 10：普清； 20：高清
recv_type	播放协议	int	1：rtmp/flv； 2：hls； 3：rtmp/flv+hls
status	状态	int	0：断流； 1：开启； 3：关闭

任务实施

在 TecentLiveUtil 里新增获取直播状态的方法如下（参考腾讯云相关 API 示例）：

```
    /**
    * 获取查询直播状态地址
    */
public static String getQueryUrl(String id) {
    Long current = (System.currentTimeMillis() + 60 * 60 * 24 * 1000) / 1000;
    String sign = stringToMD5(new StringBuffer().append(API_KEY).append(current).
toString());
    String code = bizid + "_" + id;
    String params = new StringBuffer().append("&interface=Live_Channel_GetStatus").
append("&Param.s.channel_id=").append(code).append("&t=").append(current).append("&
sign=").append(sign).toString();
    // 拼接 URL
    String apiUrl = "http://fcgi.video.qcloud.com/common_access";
    String url =   apiUrl+ "?appid=" + APPID + params;
    return url;
```

```
        }


    /**
     * 查询直播间的直播状态
     * @param adminID
     * @param houseID
     * @return
     */
    public static int getLiveStatus(String adminID,int houseID){
        int status = 4;//0：断流；1：开启；3：关闭，默认 4，异常
        String id = adminID+houseID;
        try {
            //创建一个 URL 实例
            URL url = new URL(getQueryUrl(id));
            try {
                //通过 URL 的 openStrean 方法获取 URL 对象所表示的字节输入流
                InputStream is = url.openStream();
                InputStreamReader isr = new InputStreamReader(is,"utf-8");

                //为字符输入流添加缓冲
                BufferedReader br = new BufferedReader(isr);
                String data = br.readLine();//读取数据
                System.out.println(data);
                br.close();
                isr.close();
                is.close();

                //解析返回的数据，获得直播状态
                JSONObject obj = new JSONObject(data);
                JSONArray output = obj.getJSONArray("output");
                JSONObject outputObj = new JSONObject(output.get(0).toString());
                status = (int) outputObj.get("status");
            }
            catch (IOException e) {
                System.out.println("11");
                e.printStackTrace();
            }
        } catch (MalformedURLException e) {
            e.printStackTrace();
            System.out.println("22");
```

```
    }finally{
        return status;
    }
}
```

以上由于获取直播状态时使用了 JSON 的方法来处理返回信息，所以需要在 pom.xml 下引入对应 JAR 的依赖，代码如下：

```xml
    <dependency>
    <groupId>org.json</groupId>
    <artifactId>json</artifactId>
    <version>20160810</version>
    </dependency>
```

然后在 HouseInfoController 中新增如下代码：

```java
    //获取直播状态
@RequestMapping(value = "/getLiveStatus")
public Response getLiveStatus(@RequestParam int houseID){
    House house = houseDao.queryByID(houseID);
    if(house==null){
        //houseID 不存在
        return Response.error("Error HouseID!");
    }
    Admin admin = house.getAdmin();
    String adminID = admin.getUserID();
    int status = TecentLiveUtil.getLiveStatus(adminID,houseID);

    return new Response<>(200, "success",status);
}
```

任务 10.2　客户端实现

任务目标

观看视频时，保证视频的流畅性和清晰度。

知识准备

1. 卡顿原因

图 10-2-1 所示为直播流程示意图，从图中探究卡顿的原因无外乎以下 3 种情况：

微课 10.2
客户端实现

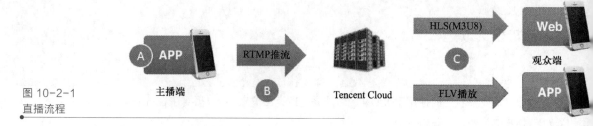

图 10-2-1
直播流程

（1）帧率太低

如果主播端手机性能较差，或者有很占 CPU 的后台程序在运行，可能导致视频的帧率太低。正常情况下每秒 15 帧以上的视频流才能保证观看的流畅度，如果每秒低于 10 帧可以判定为帧率太低，这会导致视频卡顿，使全部观众的观看体验都很差。

（2）上传阻塞

主播的手机在推流时会源源不断地产生音视频数据，但如果手机的上传网速太小，那么产生的音视频数据都会被堆积在主播的手机里传不出去，上传阻塞会导致全部观众的观看体验都很差。

国内运营商提供的宽带上网套餐中，下载网速虽然已经达到了 10 Mbit/s、20 Mbit/s 甚至是 100 Mbit/s，但上传网速却还一直限制在比较小的范围，很多小城市的上行网速最快是 512 kbit/s（也就是每秒最多上传 64 KB 的数据）。

WiFi 上网遵循 IEEE 802.11 规定的载波多路侦听和冲突避免标准，简言之，就是一个 WiFi 热点同时只能跟一部手机通信，其他手机在跟热点通信前都要先探测或询问自己是否能够通信，所以一个 WiFi 热点使用的人越多就越慢。同时 WiFi 信号受建筑墙体的屏蔽干扰非常严重，而一般的普通家庭很少在装修时考虑 WiFi 路由器和各个房间的信号衰减问题，可能主播本人也不清楚自己做直播的房间离家里的路由器究竟穿了几堵墙。

（3）下行不佳

就是观众的下载带宽跟不上或者网络波动严重的情况下，如直播流的码率是 1 Mbit 的，也就是每秒有 1 Mbit 的数据流要下载下来，但如果观众端的带宽不够，就会导致观众端观看视频非常卡顿。下行不佳只会影响当前网络环境下的观众。

2．针对性优化方案

（1）不盲目追高分辨率

过高的视频分辨率并不一定能带来清晰的画质。首先，较高的分辨率要配合较高的码率才能发挥效果，低码率高分辨的清晰度很多时候比不上高码率低分辨率。其次，像 1 280 像素×720 像素这样的分辨率在平均 5 英寸左右的手机屏幕上并不能看出优势，要跟 960 像素×540 像素的分辨率拉开差距，只有在 PC 上全屏观看才能有明显的感官差异，但较高的分辨率会显著提升 SDK 的 CPU 使用率。因此，盲目追高分辨率有可能达不到预期目标。

（2）帧率太低

正常来说每秒 15 帧以上的视频流才能保证观看的流畅度，如果每秒在 10 帧以下，观众就会明显地感到画面卡顿。

（3）播放协议

不少客户采用 HLS（M3U8）播放协议，并感觉延迟较大，这是正常的。苹果公司主推的 HLS 是基于大颗粒的 TS 分片的流媒体协议，每个分片都有 5 s 以上的时长，分片数量一般为 3～4 个，所以总延迟在 20～30 s 就不足为怪。换用 FLV 作为播放协议即可解决这个问题，但是要注意，如果要在手机端浏览器上观看直播视频，只有 HLS（M3U8）这一种播放协议可以选择，其他直播协议在苹果公司的 Safari 浏览器上都是不支持的。

 任务实施

（1）打开项目

打开 Android Studio 导入本教材提供的配套项目包，或者打开完成的项目包。

（2）获取直播地址

打开 HouseDetailActivity.java 类，定义变量，获取观看直播按钮，代码如下：

```
private String liveURI;
@BindView(R.id.house_live)
FloatingActionButton house_live;
```

在 loadDataAsync 方法中，在详情接口的 run 方法中获取 liveURI，如果为空，说明没有在直播，则隐藏"直播"按钮，代码如下：

```
liveURI=house.getPullUrl();
if(TextUtils.isEmpty(liveURI)){
house_live.setVisibility(View.GONE);
}else {
house_live.setVisibility(View.VISIBLE);
}
```

（3）构建网络请求

① 网络接口 AdminService。

在 com.jarvis.cetc.service.http 包下，打开 AdminService.java 类，实现代码如下：

```
@GET("houses/getLiveStatus")
Call<JsonResponse<String>> getLiveStatus(
    @Query("houseID") int houseID
);
```

② 网络请求接口使用。

在 HouseDetailActivity.java 类中调用获取直播状态的方法如下（其中 houseID 代表房源 ID）：

```
/**
* 异步加载数据
*
```

```
     * @param houseID  房屋ID
     */
    private void getLiveStatus(final int houseID) {

        HttpServiceManager.getInstance().getAdminService().getLiveStatus(houseID).enqueue
(new Callback<JsonResponse<String>>() {
            @Override
            public void onResponse(@NonNull Call<JsonResponse<String>> call, @NonNull
Response<JsonResponse<String>> response) {
                //网络请求成功时的回调
                }


            @Override
            public void onFailure(@NonNull Call<JsonResponse<String>> call, @NonNull
Throwable t) {
                //网络请求失败时的回调
                }
        });
    }
```

③ 数据处理。

网络请求失败时会执行 onFailure 回调。在此方法中添加错误处理代码如下：

```
        runOnUiThread(new Runnable() {
            @Override
            public void run() {
                Toast.makeText(HouseDetailActivity.this, R.string.bad_connection, Toast.
LENGTH_SHORT).show();
            }
        });
```

网络请求成功时会执行 onResponse 回调。当 status 为 1 时，说明在直播，则带着参
数跳转到直播页面，否则给予错误提示信息。在此方法中添加成功处理代码如下：

```
        JsonResponse<String> body = response.body();
        if (body == null) {
            Log.e(TAG, "loadDataAsync onResponse: no responseBody");
            return;
        }
            //当返回值 code 不为 200 时，直接 return
        if (body.getCode() != 200) {
            Log.e(TAG, "loadDataAsync onResponse: " + body.getMessage());
            return;
        }
```

```
final String status = body.getData();
if (TextUtils.isEmpty(status)) {
    Log.e(TAG, "loadDataAsync onResponse: data null");
return;
}
    //为 1 时，表示在直播
if("1".equals(status)){
    Intent intent = new Intent(HouseDetailActivity.this, PanoramaViewActivity.class);
    intent.putExtra("panoramaURI", liveURI);
    intent.putExtra("type", "live");
    startActivity(intent);
}else {
    Toast.makeText(HouseDetailActivity.this, "直播未开始，请联系管理员开启
直播，请稍后", Toast.LENGTH_SHORT).show();
}
```

（4）用户操作时进行的网络请求

在 onCreate 方法里，完成对观看直播按钮的单击事件监听，实现获取直播状态的网
络请求，代码如下：

```
this.house_live.setOnClickListener(new View.OnClickListener() {
@Override
public void onClick(View view) {
    getLiveStatus(houseID);
}
});
```

（5）直播实现

打开 PanoramaViewActivity.java 类，在 onCreate 中区分是直播还是录播，加载不同的
URL，代码如下：

```
if ("record".equals(type)) {
panoramaView.loadUrl("file:///android_asset/index.html?url=http://panorama-
1253440178.cossh.myqcloud.com/" + panoramaURI);
} else if ("live".equals(type)) {
panoramaView.loadUrl("file:///android_asset/index.html?url=" + panoramaURI);
}
```

 注意 ››››››››

① 代码之前有添加，代码需要覆盖。

② 此处播放的流畅性主要由推流方法决定，详细参考方法如下：

```
public void startRecord(int width,
int height,
int fps,
int bitrate,
java.lang.String format,
java.lang.String videoType,
java.lang.String path)
```

 项目总结

本项目完成了看房人观看直播的功能开发，重点讲述腾讯云查询直播状态的 API 使用方法，了解直播卡顿的原因。读者可自行调整参数，以达到最优播放效果。

 项目实训

【实训题目】

最优直播视频。

【实训目的】

通过调整推流参数的设置，达到直播流畅度和清晰度的最优显示。

项目 11

应用发布

 学习目标

本项目主要完成以下学习目标：

● 熟练完成 Web 后台的项目部署。

● 熟练完成 Android 项目的签名打包。

项目描述

完成整个项目中 Web 后台的项目部署及 Android 项目的签名打包。

任务 11.1　服务器端实现

任务 11.1
服务器端实现

微课 11.1
服务器端实现

 任务目标

使用 IDEA 将项目打包成 WAR 包，然后上传到云服务器，使用 Tomcat 来启动项目。

知识准备

WAR 包，通常指的是在进行 Web 开发时，一个网站 Project 下的所有源代码的集合，里面包含前台 HTML、CSS、JS 的代码，也包含 Java 的代码。

当开发人员在自己的开发机器上调试所有代码并通过后，不论是交给测试人员测试，还是未来进行产品发布，都需要将开发人员的源代码打包成 WAR 包进行发布。

WAR 包可以放在 Tomcat 下的 webapps 或者 word 目录下，随着 Tomcat 服务器的启动，它可以自动被解压。

 任务实施

① 打开 IDEA 开发工具，选择"File"→"Project Structure"菜单命令，如图 11-1-1 所示。

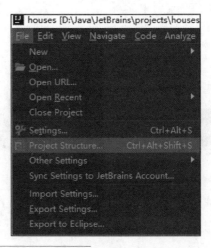

图 11-1-1
选择 Project
Structure 菜单
命令

② 在打开的对话框中选择"Project Settings"→"Artifacts"选项，单击图 11-1-2 中红框标识的"+"按钮，定义 WAR 包的名称（Name）和 WAR 包保存的路径（Output directory）。

250

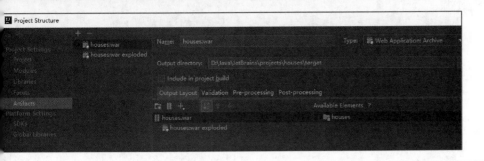

图 11-1-2
定义 WAR 包

如果在对话框下半部分显示"META-INF\MANIFEST.MF file not found in Accept.war"
的报错，意味着需要继续进行配置；否则，在项目运行后在设置好的路径下找不到 WAR
包。如图 11-1-3 所示，单击绿色"+"按钮，在弹出的下拉列表中选择"Directory Content"
选项。然后选择当前项目的 WebRoot 目录，之后保存配置。

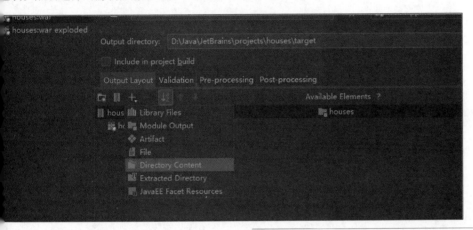

图 11-1-3
选择 Directory
Content 选项

在主菜单中选择"Build"→"Build Artifacts"菜单命令，如图 11-1-4 所示。
然后选择"house:war"（之前输入的 war 包的名字）→"Action"→"Build"菜单命
令，如图 11-1-5 所示，大概一分钟就能打包完成。打包完成后，就可以在配置好的目录
获取对应的 WAR 包。

图 11-1-4
选择 Build Artifacts
菜单命令

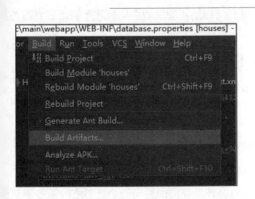

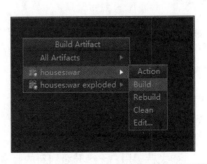

图 11-1-5
Build 菜单命令

③ 上传到云服务器。
使用 FTP 工具连接到云服务器（这里使用 WinSCP 工具），将本地的 WAR 包上传至
云服务器中 tomcat 目录下的 webapps 中，如图 11-1-6 所示。

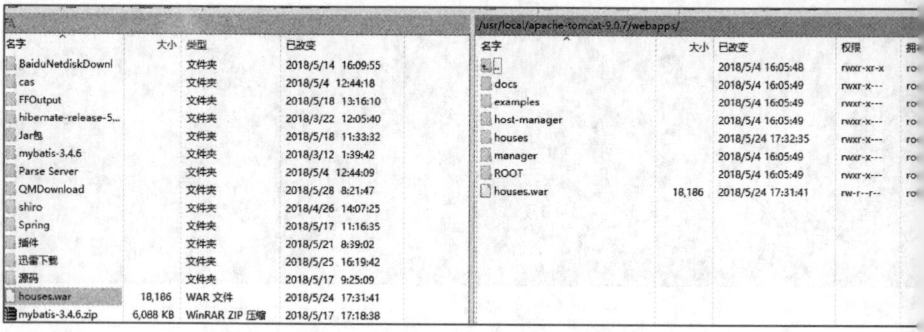

图 11-1-6
WAR 包上传地址

④ 最后，使用 Xshell 进入服务器，启动 Tomcat（详情参考任务 1.3 腾讯云端环境
搭建）。

任务 11.2　客户端实现

任务 11.2
客户端实现

微课 11.2
客户端实现

任务目标

● 签名文件的生成。
● 对项目进行签名打包。

知识准备

Android 系统在安装 APK 时，首先会检验 APK 的签名，如果发现签名文件不存在或
者校验签名失败，则会拒绝安装，所以应用程序在发布之前一定要进行签名。

1. 签名的意义

（1）区分 Android 开发者使用同样的类名以及包名

开发商可能通过使用相同的包名来混淆替换已经安装的程序，签名可以保证相同的
名字，但是签名不同的包不能被替换。APK 如果使用一个 Key 签名，发布时另一个 Key
签名的文件将无法安装或覆盖老的版本，这样可以防止安装的应用被恶意的第三方覆盖或
替换掉。

（2）Android 系统要求所有的程序通过数字签名才能安装

不管是模拟器还是真机，如果没有可用的数字签名，Android 系统是不会允许安装运
行该程序的。

2. 签名的好处

（1）应用程序升级

如果希望用户无缝升级到新的版本，那么开发商必须用同一个证书进行签名。这是
由于只有以同一个证书签名，系统才会允许安装升级的应用程序。如果开发商采用了不同
的证书，那么系统会要求应用程序采用不同的包名称，在这种情况下相当于安装了一个全
新的应用程序。如果想升级应用程序，签名证书和包名称要相同。

252

（2）应用程序模块化

Android 系统可以允许同一个证书签名的多个应用程序在一个进程里运行，系统实际把它们作为一个单个的应用程序，此时就可以把应用程序以模块的方式进行部署，而用户可以独立地升级其中的一个模块。

（3）代码或者数据共享

Android 提供了基于签名的权限机制，那么一个应用程序就可以为另一个以相同证书签名的应用程序公开自己的功能。以同一个证书对多个应用程序进行签名，利用基于签名的权限检查，就可以在应用程序间以安全的方式共享代码和数据了。不同的应用程序之间，想共享数据或者共享代码，只要让它们运行在同一个进程中，并且要让它们用相同的证书签名。

3．签名原理

Android 应用程序 APK 是 JAR 包，签名采用的工具是 signapk.jar 包，对应用程序安装包签名的执行命令如下：

```
java-jarsignapk.jarpublickeyprivatekeyinput.apkoutput.apk
```

此命令实现了对应用程序安装包 input.apk 签名的功能。在 signapk.jar 命令中，第 1 个参数为公钥 publickey；第 2 个参数为私钥 privatekey；第 3 个参数为输入的包名；第 4 个参数为签名后生成的输出包名。在此命令中，signapk.jar 使用公钥 publickey 和私钥 privatekey 对 input.apk 安装包进行签名，生成 output.apk 包。signapk 源代码位于 build/tools/signapk/SignApk.java 中。

完成签名后 APK 包中多了一个 META-INF 文件夹，其中有名为 MANIFEST.MF、CERT.SF 和 CERT.RSA 的 3 个文件。MANIFEST.MF 文件中包含很多 APK 包信息，如 manifest 文件版本、签名版本、应用程序相关属性、签名相关属性等。CERT.SF 是明文的签名证书，通过采用私钥进行签名得到。CERT.RSA 是密文的签名证书，通过公钥生成的。MANIFEST.MF、CERT.SF 和 CERT.RSA 这 3 个文件所使用的公钥和私钥的生成可以通过 development/tools/make_key 来获得。下面分别介绍 MANIFEST.MF、CERT.SF 和 CERT.RSA 这 3 个文件的生成方法。

（1）生成 MANIFEST.MF 文件

生成 MANIFEST.MF 是对 APK 包中所有未签名文件逐个用算法 SHA1 进行数字签名，再对数字签名信息采用 Base64 进行编码，最后将编完码的签名写入 MANIFEST.MF 文件中。添加数字签名在 manifest 文件通过调用 addDigestsToManifest 方法实现，具体代码如下：

简而言之，MANIFESt.MF 文件中的内容就是通过遍历 APK 中所有文件（entry），逐一生成 SHA1 数字签名，然后通过 Base64 编码转码。

```
{ Private static Manifest addDigestsToManifest(JarFile.jar)
……
//遍历 update.apk 包中所有文件
//得到签名文件内容
```

```
InputStream data=jar.getInputStream(entry);
//更新文件内容
while((num=data.read(buffer))>0){
md.update(buffer, 0, num);
}
……
//进行 SHA1 签名，并采用 Base64 进行编码
attr.putValue("SHA1-Digest",base64.encode(md.digest()));
output.getEntries().put(name,attr);
……
}
```

说明 〉〉〉〉〉〉》—

　　生成 MANIFEST.MF 使用了 SHA1 算法进行数字签名。SHA1 是一种 Hash 算法，两个不同的信息经 Hash 运算后不会产生同样的信息摘要，由于 SHA1 是单向的，所以不可能从消息摘要中复原原文。如果恶意程序改变了 APK 包中的文件，那么在进行 APK 安装校验时，改变后的摘要信息与 MANIFEST.MF 的检验信息不同，应用程序便不能安装成功。

　　（2）生成 CERT.SF 文件

　　在生成 MANIFEST.MF 文件之后，用 SHA1-RSA 算法对其进行私钥签名（使用 SHA1-RSA 算法，用私钥对 MANIFEST.MF 摘要文件签名，并对其中每个文件摘要签名）便生成 CERT.SF。具体代码如下：

```
Signature signature = Signature.getInstance("SHA1withRSA");
signature.initSign(privateKey);
je=newJarEntry(CERT_SF_NAME);
je.setTime(timestamp);
outputJar.putNextEntry(je);
writeSignatureFile(manifest,newSignatureOutputStream(outputJar,signature));
```

　　RSA 是目前最有影响力的公钥加密算法。它是一种非对称加密算法，能够同时用于加密和数字签名。由于 RSA 是非对称加密算法，因此用私钥对生成 MANIFEST.MF 的数字签名加密后，在 APK 安装时只能使用公钥才能解密它。

　　（3）生成 CERT.RSA 文件

　　生成 CERT.RSA 文件与生成 CERT.SF 文件的不同之处在于，生成 CERT.RSA 文件使用了公钥文件。CERT.RSA 文件中保存了公钥以及所用的采用加密算法等信息。具体代码如下：

```
Je =new JarEntry(CERT_RSA_NAME);
je.setTime(timestamp);
outputJar.putNextEntry(je);
```

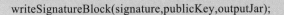

writeSignatureBlock(signature,publicKey,outputJar);

通过以上对 Android 应用程序签名的代码分析，可以看出 Android 系统通过对第三方
APK 包进行签名，达到保护系统安全的目的。应用程序签名主要用于对开发者身份进行
识别，达到防范恶意攻击的目的，但不能有效地限制应用程序被恶意修改，只能够检测应
用程序是否被修改过。如果应用程序被修改过，应该再采取相应的应对措施。

 任务实施

1. 没有 JKS 文件的打包

① 在主菜单选择"Build"→"Generate Signed APK"菜单命令，如图 11-2-1 所示。

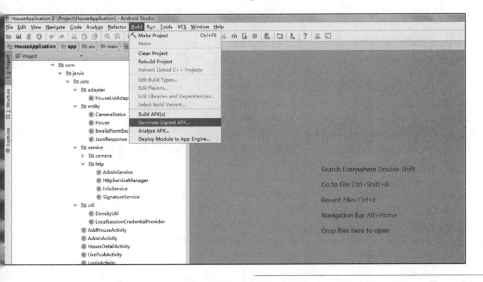

图 11-2-1
选择"Generate
Signed APK"菜单
命令

② 在打开的"Generate Signed APK"对话框中，单击"Create new"按钮来创建签名
文件，如图 11-2-2 所示。

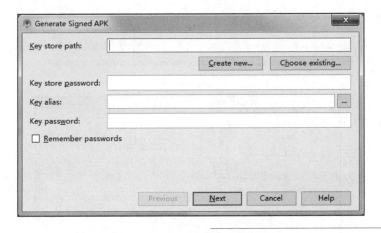

图 11-2-2
"Generate Signed APK"
对话框

在打开的"New Key Store"对话框中，单击 Key store path 后的"…"按钮，如图 11-2-3
所示。在打开的"Choose keystore file"对话框中，选择好签名文件保存的路径和文件名之
后，单击"OK"按钮，如图 11-2-4 所示。

图 11-2-3
"New Key Store"
对话框

图 11-2-4
"Choose keystore
file"对话框

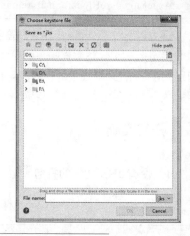

返回到"New Key Store"对话框中，依次输入 Password（签名文件的密码）、Confirm（签名文件的确认密码）；Key 栏中的 Alias（别名，可自由输入）、Password（别名的密码）、Confirm（别名的确认密码）、Validity（years）（软件的有效期）、Certificate（证书的其他信息），如图 11-2-5 所示。输入完毕，单击"OK"按钮，返回"Generate Signed APK"对话框，如图 11-2-6 所示。

图 11-2-5
"New Key Store"
对话框参数填写

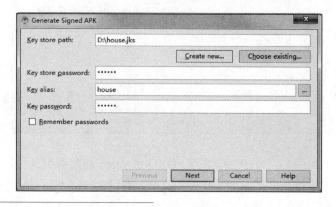

图 11-2-6
"Generate Signed
APK"对话框参数
展示

③ 在"Generate Signed APK"对话框中单击"Next"按钮，出现如图 11-2-7 所示的对话框。Signature Versions 同时选中"V1"和"V2"复选框，然后单击"Finish"按钮。

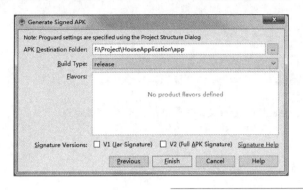

图 11-2-7
"Generate Signed APK"
对话框

各参数解释详情如下。

● APK Destination Folder：APK 保存路径。

● Build Type：生成的文件类型。

● Signature Versions：签名版本。

● V1：通过 ZIP 条目进行验证，这样 APK 签署后可进行许多修改，如可以移动甚至重新压缩文件。

● V2：验证压缩文件的所有字节，而不是单个 ZIP 条目，在签名后无法再更改（包括 zipalign）。因此，在编译过程中，实现将压缩、调整和签署合并成一步完成的操作。好处显而易见，更安全且新的签名可缩短在设备上进行验证的时间（不需要费时地解压缩然后验证），从而加快应用安装速度。

④ 耐心等待打包，当出现如图 11-2-8 所示的信息提示时，则表示打包成功。图 11-2-9 所示是生成的 APK 文件。图 11-2-10 所示是生成的 JKS 签名文件。

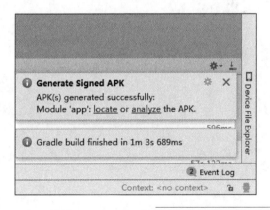

图 11-2-8
打包成功信息提示

图 11-2-9
生成的 APK 文件

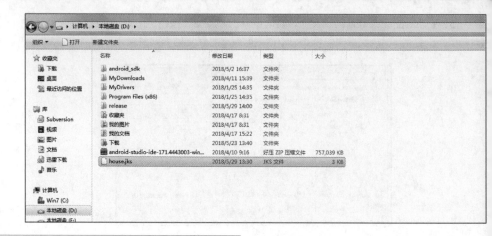

图 11-2-10
生成的 JKS 签名
文件

2. 有 JKS 文件的打包

与没有 JKS 文件的打包步骤一致，如图 11-2-2 所示，单击"Choose existing"按钮，选择已经存在的签名文件，输入签名文件密码和别名密码，最后单击"Next"按钮。

接下来的操作与没有 JKS 文件的打包步骤完全一致，直至打包完成结束。

 ## 项目总结

本单元完成了整个项目中 Web 后台的项目部署以及 Android 项目的签名打包。在 Android 项目打包完成后进行了前后台的安装验证，至此整套全景看房项目完成。

 ## 项目实训

【实训题目】

练习签名打包。

【实训目的】

熟悉并掌握签名打包的过程。

参考文献

[1] Geoffroy，Warin. 精通 Spring MVC 4[M]. 北京：人民邮电出版社，2017.

[2] Obe R, Hsu L. PostgreSQL 即学即用[M]. 2 版. 北京：人民邮电出版社，2016.

[3] 顾浩鑫. Android 高级进阶[M]. 北京：电子工业出版社，2016.

[4] 明日科技. Android 项目开发实战入门[M]. 长春：吉林大学出版社，2017.

[5] Insta360 官网. https://www.insta360.com/.

[6] 腾讯云官网. https://cloud.tencent.com/.

郑重声明

  高等教育出版社依法对本书享有专有出版权。任何未经许可的复制、销售行为均违反《中华人民共和国著作权法》，其行为人将承担相应的民事责任和行政责任；构成犯罪的，将被依法追究刑事责任。为了维护市场秩序，保护读者的合法权益，避免读者误用盗版书造成不良后果，我社将配合行政执法部门和司法机关对违法犯罪的单位和个人进行严厉打击。社会各界人士如发现上述侵权行为，希望及时举报，本社将奖励举报有功人员。

反盗版举报电话 （010）58581999 58582371 58582488

反盗版举报传真 （010）82086060

反盗版举报邮箱 dd@hep.com.cn

通信地址 北京市西城区德外大街 4 号
     高等教育出版社法律事务与版权管理部

邮政编码 100120